建筑工程 识图与构造 实训

蔡小玲　陈冬苗　主编

化学工业出版社

·北京·

本书根据教学改革的需要，以就业为导向，以提高教学质量为重点，以渐进提升学生的专业技能为主要出发点，结合国家制图标准、行业标准、建筑设计规范等进行编写。主要内容包括建筑制图基本知识、平法识图基本知识、建筑工程图的识读及绘制、建筑构造部分、综合设计训练，知识结构相互衔接，由点至面，内容逐渐深入，技能层层提升。书中引入工程设计图纸和工程案例，使学生所学知识同工程实际结合起来，提高学生工程实践能力和创新能力。

本书内容新颖实用，解决了传统的单一技能训练及课程与课程之间相互独立的问题。易于实施实训教学。

本书可作为应用型本科学校和高职高专院校土建类专业的综合实训教材，也可作为学科竞赛的指导教材。

图书在版编目（CIP）数据

建筑工程识图与构造实训/蔡小玲，陈冬苗主编. —北京：化学工业出版社，2018.6（2023.2重印）
ISBN 978-7-122-32063-6

Ⅰ.①建…　Ⅱ.①蔡…②陈…　Ⅲ.①建筑制图-识别-教材②建筑构造-教材　Ⅳ.①TU2

中国版本图书馆 CIP 数据核字（2018）第 086735 号

责任编辑：李仙华　　　　　　　　　　　　装帧设计：王晓宇
责任校对：王素芹

出版发行：化学工业出版社（北京市东城区青年湖南街 13 号　邮政编码 100011）
印　　装：大厂聚鑫印刷有限责任公司
880mm×1230mm　1/8　印张 10　字数 240 千字　　2023 年 2 月北京第 1 版第 5 次印刷

购书咨询：010-64518888　　　　　　　　售后服务：010-64518899
网　　址：http://www.cip.com.cn
凡购买本书，如有缺损质量问题，本社销售中心负责调换。

定　　价：38.00 元

本书编写人员名单

主　编　蔡小玲　无锡城市职业技术学院
　　　　陈冬苗　无锡城市职业技术学院

副主编　孟　亮　无锡城市职业技术学院
　　　　宋良瑞　四川建筑职业技术学院
　　　　王玉玲　无锡城市职业技术学院
　　　　谭晓燕　沙洲职业工学院
　　　　纪幸乐　湖州职业技术学院

参　编　袁国枢　四川城市职业学院
　　　　王　剑　江苏农林职业技术学院
　　　　王士军　鹤壁职业技术学院
　　　　王晓庆　河南财政金融学院
　　　　胡永平　广州番禺职业技术学院
　　　　张　玮　山东水利职业学院
　　　　张忠台　黔东南民族职业技术学院
　　　　沙新美　苏州经贸职业技术学院
　　　　刘学敏　盐城幼儿师范高等专科学校
　　　　胡媛媛　无锡城市职业技术学院
　　　　姚燕雅　无锡城市职业技术学院
　　　　张渲绿　九州职业技术学院

主　审　陈　炜　无锡城市职业技术学院
　　　　胡建琴　兰州石化职业技术学院

前言
FOREWORD

《建筑工程识图与构造实训》根据高等学校土木建筑类专业应用型人才的培养目标和工学结合的人才培养模式的特点进行编写，在编写过程中，理论联系实际，以设计单位实际工程图纸为蓝本，要求学生在掌握建筑工程制图和构造知识的基础上，突出高职院校学生工程技能的培养，以突出学生对图纸的识读、绘制以及建筑构造设计和综合实训的能力培养。本书是土建类各专业的一门综合实训教材。

本书在内容的遴选上充分尊重理论与实践相结合，着重体现"学中做"、"做中思"的教育理念。全书共分 5 个项目 21 个工作任务，项目一为建筑制图基本知识，项目二为平法识图基本知识，项目三为建筑工程图的识读及绘制，项目四为建筑构造部分，项目五为综合设计训练。每个项目均有思考题和工程技能训练等内容，思考题用于巩固学生所学的理论知识，技能训练则锻炼学生对知识的理解及工程实际问题的解决能力。

本书实训技能的训练分为四种形式：一是通过填空的形式进行图纸识读的训练；二是通过工程图纸的抄绘学会工程图形的绘制，加深对图纸的理解；三是在理论学习的基础上，进行单一建筑构配件构造设计；四是在识图、绘图、建筑单一构配件设计的基础上进行建筑识图与构造综合设计。

本书遵循《建筑制图标准》（GB/T 50104—2010）、《房屋建筑制图统一标准》（GB/T 50001—2017）、《建筑设计防火规范》（GB 50016—2014）和《建筑结构制图标准》（GB/T 50105—2010）等国家标准。

本书得到苏州工业园区城市重建有限公司苟杰高级工程师、杭州市城建设计研究院有限公司杨春雅高级建筑设计师的指导，在此表示衷心的感谢。

本书在编写过程中参考了近几年出版的相关书籍中的优秀内容，在此向有关作者表示深深的谢意！

由于编者水平所限，书中定有不足之处，恳请广大读者批评指正，以便修改和提高。

编者
2018 年 4 月

目录
CONTENTS

项目一
建筑制图基本知识

 学习目标

知识目标

- 掌握国家制图标准中关于字体、图线与绘图比例的相关规定
- 掌握国家制图标准中关于图幅、图框、标题栏与会签栏的相关规定及画法
- 熟悉常用绘图工具的使用方法，熟悉常用材料图例的符号及基本画法
- 理解剖面图和断面图的含义及形成过程
- 掌握剖面图、断面图的正确画法，熟悉剖面图及断面图的种类及标注方法

能力目标

- 学会正确使用常用的绘图工具
- 学会剖面图和断面图的正确绘制及标注
- 培养认真负责的工作态度和一丝不苟的工作作风

 知识导图

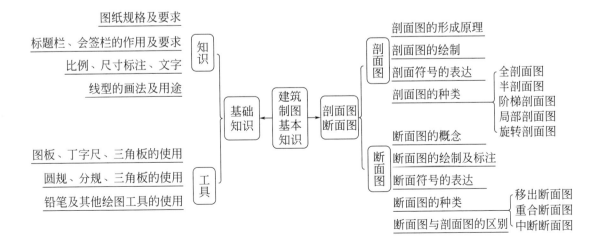

任务一　建筑制图的基本知识及技能要求

一、思考题

1. 图纸的幅面是什么？根据图纸幅面大小的不同，工程中有几种规格的图纸幅面？其大小分别是多少？

2. 在工程图中，标题栏的位置和作用是什么？

3. 标题栏的边框和分格线分别采用什么线绘制？

4. 同一图幅内，线宽组相同，假设粗线采用 b 来表示，那么中线和细线分别怎样表示？

5. 会签栏的作用及绘制要求是什么？

6. 工程制图中，常用的基本线型有哪些？其适用范围是什么？

7. 工程绘图中，实线与虚线、虚线与虚线、实线与点画线以及点画线与点画线相交，应注意哪些问题？

8. 什么是比例？

9. 长度为 50m 的建筑物，按 1∶200 的比例作图，其图纸中所绘图形的实际大小为多少？

10. 一道完整的尺寸，其基本组成包括哪几个部分？

11. 尺寸线、尺寸界限、尺寸起止符号分别用什么线绘制？其绘制的基本要求有哪些？

12. 尺寸起止符号与尺寸界限之间的关系是什么？用什么线绘制？其长度是多少？

13. 绘图时会用到不同的比例，一般可借助于什么绘图工具来截取线段的长度？

14. 绘图所采用的铅笔以铅芯的软硬程度来进行划分，其中"H"和"B"分别代表什么？

15. 同一建筑采用不同的比例绘制的图形大小不同，其尺寸标注是否一致？

16. 用铅笔加深图样时，其基本顺序是什么？

17. 建筑绘图中，常用的绘图工具有哪些？如何正确地使用？

18. 建筑工程图样绘制的基本步骤是什么？

19. 材料的图例符号是什么？其作用有哪些？

20. 常用的建筑材料图例符号有哪些？其规定画法如何？

21. 在图纸上必须采用什么线绘制图框？

22. 为了复印和缩影时定位方便，可采用对中符号。对中符号是从周边画入图框内约几个毫米？一般采用什么样的线来进行绘制？

23. 同一张图纸内，相同比例的各种图样应采用相同的什么？

24. 绘制工程图样时，图线一般不得与文字、符号、数字等重叠、混淆，不可避免时，应当首先保证什么的清晰？

25. 书写长仿宋体的基本要领是什么？

26. 图样上的尺寸，应以什么为准，不得从图上直接量取？

27. 丁字尺主要用来绘制什么线？

28. 图样上的尺寸单位，除标高和总平面以 m 为单位外，其余均以什么为单位？

二、技能训练

1. 仔细观察并完成下列任务

已知条件：沿长轴方向，每相邻两道定位轴线之间的距离为 3600mm，窗洞口的宽度为 1800mm，居中布置，如图 1-1 所示。

（1）指出不符合制图标准的线型并进行改正。

（2）用 1：100 的比例正确抄绘图样并进行尺寸标注。

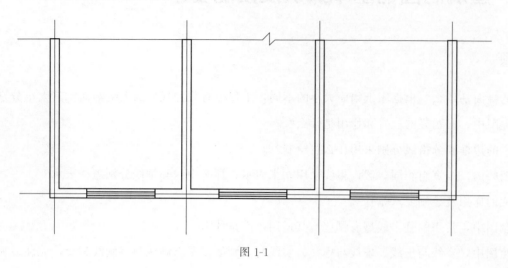

图 1-1

2. 线型练习

用 A3 幅面图纸，按比例（自定）抄绘下列图样，如图 1-2 所示，要求区分线型及线宽。

要求：图面美观，布局合理。

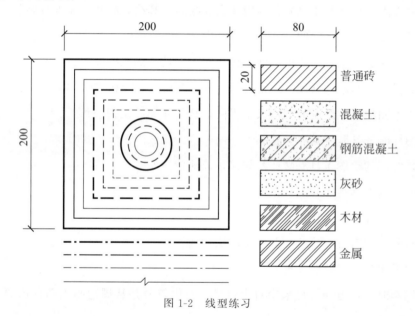

图 1-2　线型练习

任务二　剖面图与断面图

一、思考题

1. 剖面图和断面图的含义、特点及区别是什么？

2. 剖面图的种类有哪些？不同类型的剖面图其适用性是什么？

3. 工程中最常用的剖面图有哪几种？

4. 剖切符号的基本组成有哪些？其绘制特点有哪些？

5. 什么是阶梯剖面图？

6. 在阶梯剖面图中不可画出两剖切平面的分界线，还应避免什么？

7. 断面图和剖面图相比较，其相同部分是什么？

8. 常用的断面图有哪几种？其绘制特点是什么？

9. 什么重合断面？当构件形状较为简单时，可将断面直接画在什么处？

10. 不同类型的剖面图绘制时，应注意哪些问题？

11. 工程中，剖面图和断面图是如何命名的？

12. 剖面图和断面图表达的内容有哪些？

13. 当形体只有某一个局部需要剖开表达时，就在其投影图上，将这一局部画成剖面图，则这种剖面图称之为什么剖面图？举例说明，在工程中哪些构造可以采用这种剖面图来表达。

14. 重合断面的轮廓线一般用什么线来表示？举例说明这种断面常用来表示什么。

15. 剖面图中包含了形体的断面，在断面上必须画上什么来表示材料的基本类型？

二、技能训练

1. 已知形体的平面图、立面图及直观图（图 1-3），完成 1-1 和 2-2 剖面图。

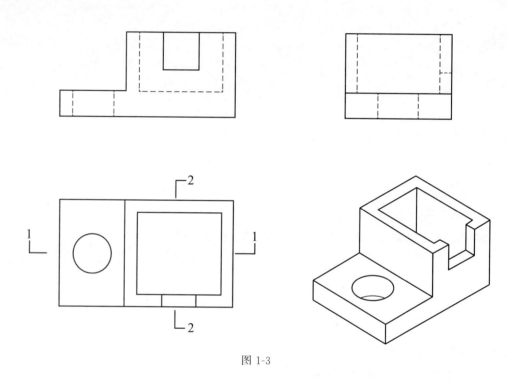

图 1-3

2. 已知形体的平面图与侧立面图（图 1-4），绘出形体的 1-1 剖面图。

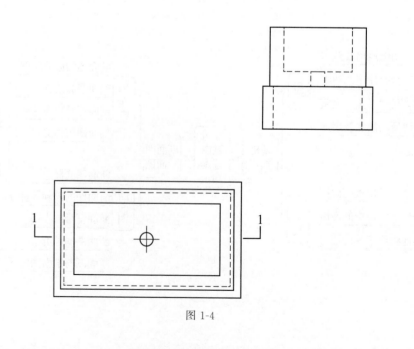

图 1-4

3. 根据已知图形（图 1-5），绘出 1-1、2-2、3-3 剖面图。

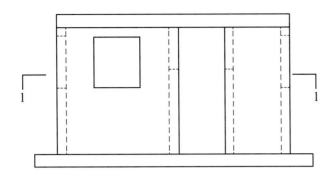

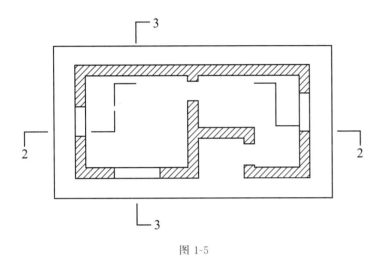

图 1-5

4. 根据已知图形（图 1-6），绘出 1-1 剖面图。

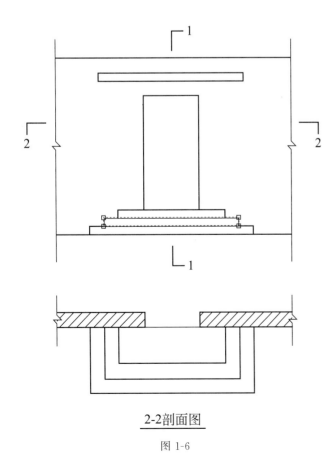

2-2剖面图

图 1-6

5. 根据已知图形（图 1-7），绘出构件 1-1、2-2 断面图。

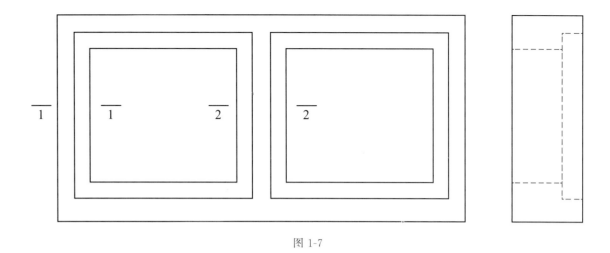

图 1-7

6. 按图示指定位置绘出建筑构件的 1-1、2-2 断面图，见图 1-8。

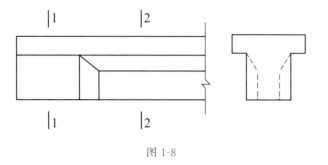

图 1-8

7. 按图示指定位置画出 1-1 剖面图和 2-2、3-3 断面图，见图 1-9。

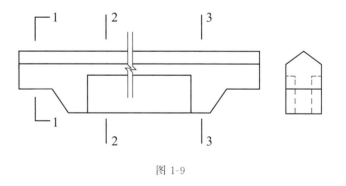

图 1-9

8. 按图示指定位置画出 1-1、2-2 剖面图，见图 1-10。

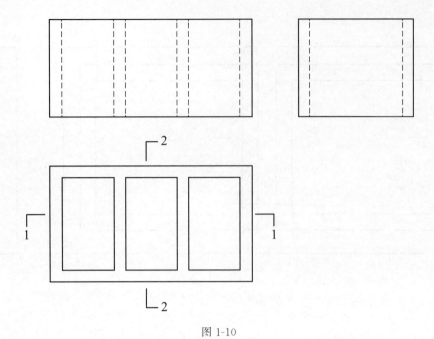

图 1-10

9. 画出组合体的阶梯 1-1 剖面图，见图 1-11。

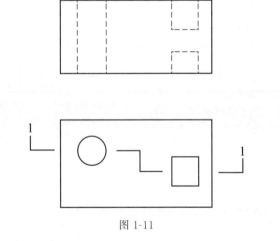

图 1-11

10. 如图 1-12 所示，完成指定位置 1-1、2-2 剖面图及 3-3 断面图。

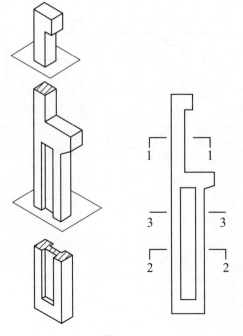

图 1-12

项目二
平法识图基本知识

 学习目标

知识目标

- 了解传统框架施工图的图示内容、方法及作用，了解两种施工图表达方法的优缺点
- 掌握梁构件平法图的图示方法、图示内容及要求，能够准确阅读梁的平法施工图；了解梁的钢筋组成及构造要求
- 掌握柱构件平法图的图示方法、图示内容及要求，能够准确阅读柱的平法施工图；了解柱的钢筋组成及构造要求
- 掌握板构件平法图的图示方法、图示内容及要求，能够准确阅读板的平法施工图；了解板的钢筋组成及构造要求
- 掌握剪力墙平法图的图示方法、图示内容及要求，能够准确阅读剪力墙的平法施工图；了解剪力墙的钢筋组成及构造要求

能力目标

- 能够查阅和使用平法图集
- 能结合图集读懂完整的框架结构的平法施工图、剪力墙结构的平法施工图

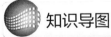 **知识导图**

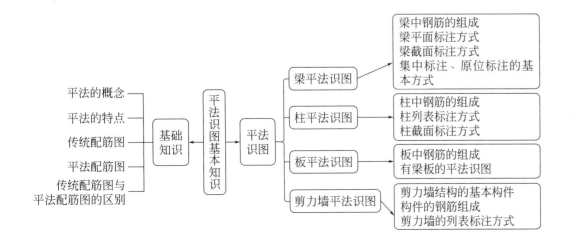

任务一　平法识图的基本知识及技能要求

一、思考题

1. 介绍现行的平法图集概况。

2. 什么是平法？平法图集由哪两部分内容构成？

3. 平法施工图的表达方式主要有哪几种方式？

4. 简述平法的各种注写方式的注写顺序。

5. 如何学习平法？

二、技能训练

1. 现行的图集共有以下几册，试根据示例分别说明。

如：16G101-1 混凝土结构施工图平面整体表示方法制图规则和构造详图（现浇混凝土框架、剪力墙、梁、板）

16G101-2 混凝土结构施工图平面整体表示方法制图规则和构造详图（　　　　　　　　　　　）

16G101-3 混凝土结构施工图平面整体表示方法制图规则和构造详图（　　　　　　　　　　　）

2. 平法的全称是　　　　　　　　　　　　　　　　，概括来讲，是把结构构件的尺寸和配筋等，按照　　　　　　　　　　　　　　　　，整体直接表达在各类构件的结构平面布置图上，再与　　　　　　　　　　　　　相配合，即构成一套新型完整的结构设计。

3. 指出图 2-1、图 2-2 中哪个是传统的结构施工图？哪个是平法施工图？

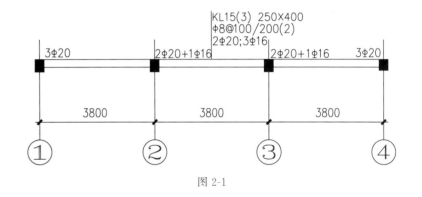

图 2-1

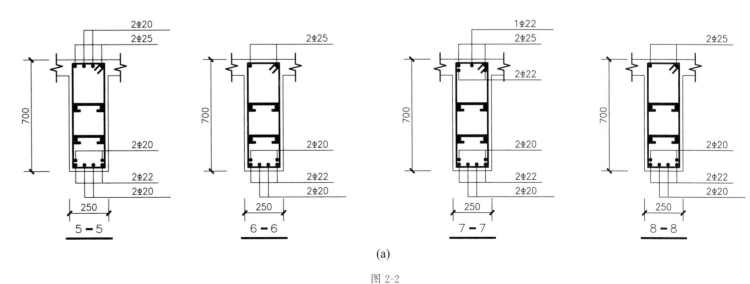

(a)

图 2-2

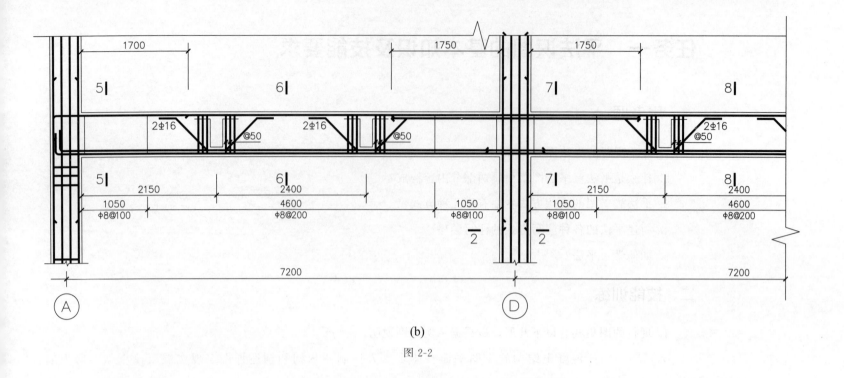

(b)

图 2-2

任务二　梁构件平法识图的基本制图规则及技能要求

一、思考题

1. 建筑结构施工图中要表达梁构件哪些内容？

2. 梁结构图的表达方法有哪两种？

3. 梁的平法标注方式包括哪两种？

4. 梁的平面标注方式包括哪两种？如何正确识别？

5. 梁的集中标注各行标注的含义是什么？

6. 梁的原位标注中给出了梁的哪些信息？

7. 各种梁的代号怎样表示？梁的尺寸怎么表示？

8. 平法中如何表示梁的箍筋的信息？

9. 平法中如何表示梁的上部钢筋、下部钢筋、通长筋、侧向钢筋以及支座负筋？

10. 几种不同直径的钢筋如何在平法中表示？

11. 不在同一层的钢筋在平法中如何表示？

二、技能训练

1. 指出图 2-3 中的箍筋分别是几肢箍。

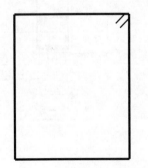
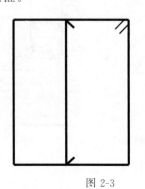
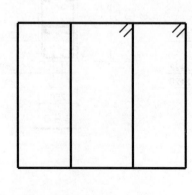

图 2-3

2. 当在梁上集中标注和原位标注同时存在时，_____优先，施工时应按该处_____数值取用。

3. 填写下列构件代号的构件名称。

KL _____ ；KZL _____

WKL _____ ；JZL _____

L _____ ；XL _____

4. 说出下列各梁括号内数字所表示的含义。

KL1（3）_____

KL2（2A）_____

WKL1（4）_____

KL3（3B）_____

5. 如图 2-4 所示，PY500×250 表示_____，300×700 表示_____。

图 2-4

6. 描述图 2-5 中，箍筋标注的含义。

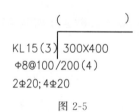

图 2-5

7. 描述图 2-6 中，箍筋标注的含义。

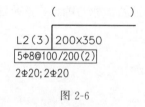

图 2-6

8. 描述图 2-7 中所示钢筋的含义。

KL15(3) 300X400
Φ8@100/200(4)
2Φ20+(2Φ14);4Φ20

图 2-7

9. 描述图 2-8 所示钢筋的含义。

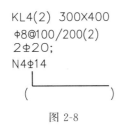

KL4(2) 300X400
Φ8@100/200(2)
2Φ20;
N4Φ14

(　　　　　)

图 2-8

10. 描述图 2-9 所示钢筋的含义。

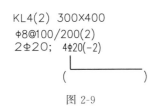

KL4(2) 300X400
Φ8@100/200(2)
2Φ20;　4Φ20(-2)

(　　　　　)

图 2-9

11. 描述图 2-10 中（－0.100）所表示的含义。

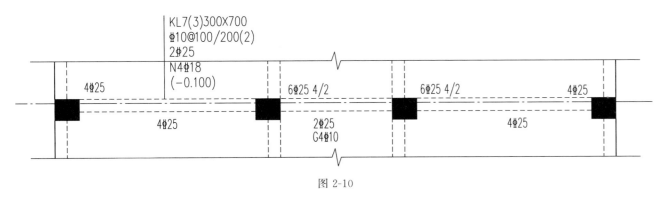

KL7(3)300X700
Φ10@100/200(2)
2Φ25
N4Φ18
(-0.100)

4Φ25　　　6Φ25 4/2　　　6Φ25 4/2　　　4Φ25

4Φ25　　　2Φ25　　　4Φ25
G4Φ10

图 2-10

12. 如图 2-11 所示，指出第二跨和第三跨侧面纵向钢筋。

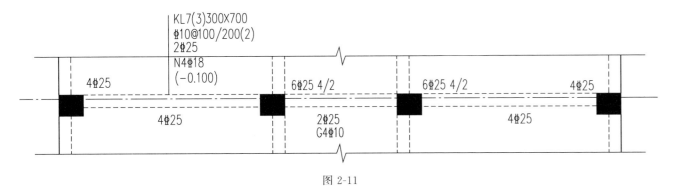

KL7(3)300X700
Φ10@100/200(2)
2Φ25
N4Φ18
(-0.100)

4Φ25　　　6Φ25 4/2　　　6Φ25 4/2　　　4Φ25

4Φ25　　　2Φ25　　　4Φ25
G4Φ10

图 2-11

13. 描述图 2-12 中所示钢筋的含义。

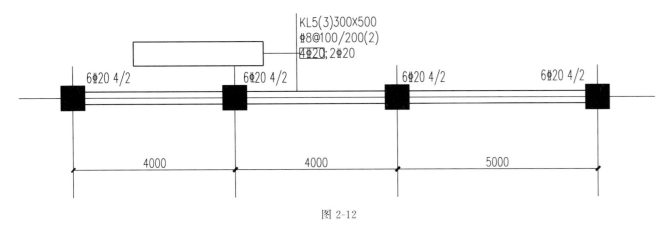

KL5(3)300X500
Φ8@100/200(2)
4Φ20;2Φ20

6Φ20 4/2　　6Φ20 4/2　　6Φ20 4/2　　6Φ20 4/2

4000　　　　4000　　　　5000

图 2-12

14. 指出图 2-13 中 N8Φ12 表示的是什么钢筋，并说明该钢筋的作用。

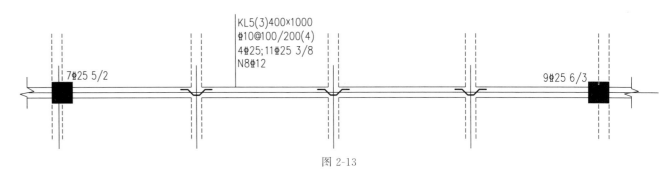

KL5(3)400×1000
Φ10@100/200(4)
4Φ25;11Φ25 3/8
N8Φ12

7Φ25 5/2　　　　　　　　　　　　　9Φ25 6/3

图 2-13

15. 按照图 2-14 中 KL2（2）平法标注，请选择图 2-15 中附加箍筋构造做法正确的一项（　　　）。

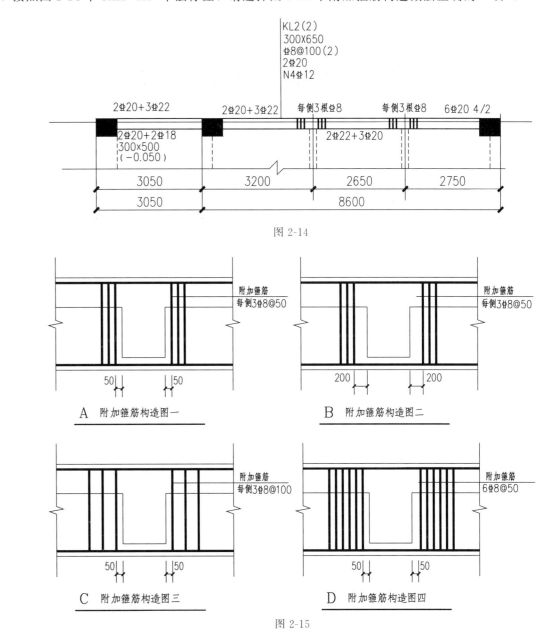

KL2(2)
300X650
Φ8@100(2)
2Φ20
N4Φ12

2Φ20+3Φ22　　2Φ20+3Φ22　　每侧3根Φ8　　每侧3根Φ8　　6Φ20 4/2

2Φ20+2Φ18　　　　　　2Φ22+3Φ20
300×500
(-0.050)

3050　　　3200　　　2650　　　2750

3050　　　　　　8600

图 2-14

附加箍筋
每侧3Φ8@50

A 附加箍筋构造图一

附加箍筋
每侧3Φ8@50

B 附加箍筋构造图二

50　50　　　　　200　200

附加箍筋
每侧3Φ8@100

C 附加箍筋构造图三

附加箍筋
6Φ8@50

D 附加箍筋构造图四

50　50　　　　　50　50

图 2-15

16. 请根据图 2-16 所示内容填空。

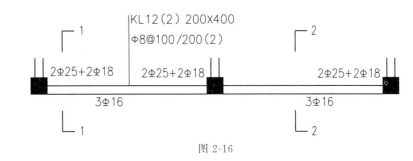

KL12(2) 200X400
Φ8@100/200(2)

2Φ25+2Φ18　　2Φ25+2Φ18　　　2Φ25+2Φ18

3Φ16　　　　　3Φ16

图 2-16

（1）这是一根_____梁（提示：填梁的类型），有_____跨；梁的截面宽度为_____mm，截面高度为_____mm。

（2）集中标注Φ8@100/200（2）注写的是梁箍筋，Φ表示箍筋的级别为_____级，直径为_____mm，加密区间距为_____mm，非加密区间距为_____mm，均为_____肢箍。

（3）若该根梁所在的楼层的楼面标高为8.670m，则该根梁的梁顶标高为_____。

（4）原位标注中，边跨端支座上部纵筋为2Φ25+2Φ18，表示该支座上部有4根纵筋，其中_____放在角部，_____放在中部。

（5）该根梁的上部通长筋为_____。

（6）请画出1-1截面（近支座处）正确的配筋图。

（7）请画出2-2截面（跨中处）正确的配筋图。

任务三　板平法识图的基本制图规则及技能要求

一、思考题

1. 板平法施工图采用哪些表达方式？

2. 板中有哪些钢筋？各起什么作用？

3. 板平法施工图中的集中标注描述板的哪些信息？

4. 板平法施工图中的原位标注描述板的哪些信息？

5. 如何识别板平法中的集中标注和原位标注所表示的各是什么钢筋？

6. 如何定义一个板块？

二、技能训练

1. 板中的钢筋有_____。

2. 一般来说，单向板的下部短向钢筋为_____，应在垂直受力方向布置_____，受力筋和分布筋形成下部的钢筋共同受力。分布筋就是不受力的钢筋，它起着_____，并与受力筋形成钢筋网。分布筋抵抗温度、收缩应力的作用，通常在图中不画出。

3. 识读单向板传统配筋图2-17，分别指出是哪种钢筋？

4. 有梁楼板的集中标注应该标明_____、_____、_____三项必注内容。

5. 有梁楼板原位标注的内容为：_____和_____。

板支座上部非贯通纵筋自支座中线向跨内的延伸长度，注写在线段的下方位置。当中间支座上部非贯通纵筋向支座两侧对称延伸时，可仅在支座一侧线段的下方标注延伸长度，另一侧不标注，当支座两侧非对称延伸时，应分别在支座两侧线段的下方标注延伸长度。

6. 若板厚120mm，则在集中标注处注写为_____；当悬挑板的根部为100mm，端部为90mm，则注写为_____。

7. 贯通纵筋按板块的上部和下部分别标写（当板块上部不设贯通纵筋时则不注），并以_____代表下部，以_____代表上部，_____代表下部和上部；X向贯通纵筋以X打头，Y向贯通纵筋以Y打头，两向贯通纵筋配置相同时则以X&Y打头。当为单向板时，另一向贯通的分布筋可不必写，而在图中统一注明。

8. 板面标高高差，系指相对于_____的高差，应将其注写在括号内，且有高差则注，无高差不注。

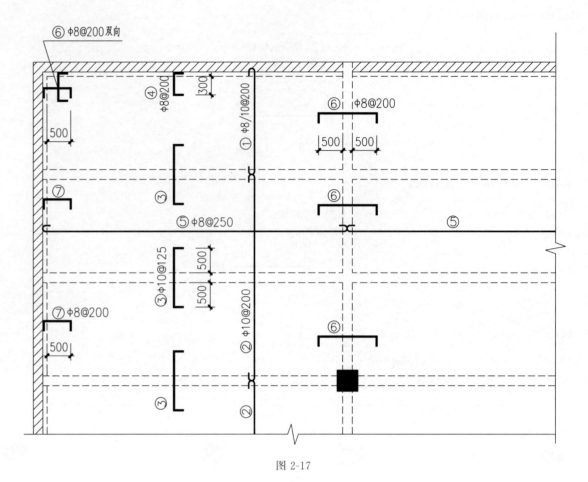

图 2-17

9. 对于普通楼面，定义一板块的原则是两向均以_____为一板块；对于密肋楼盖，两向主梁均以_____为一板块。所有板块应逐一编号，相同编号的板块可择其一做集中标注，其他仅注写置于圆圈内的板编号，以及当板面标高不同时的标高高差。

10. 填写下列构件代号的构件名称。

LB_____；XB_____；WB_____

11. 下列平法集中标注中表示的含义。

（1）LB5　h=150　B：XΦ10@150；YΦ10@150

（2）LB8　h=110　B：XΦ12@120；YΦ10@150　T：XΦ12@150；YΦ10@180

（3）WB2　h=120　B&T：X&YΦ12@120

12. 指出图2-18和图2-19中原位标注的含义。

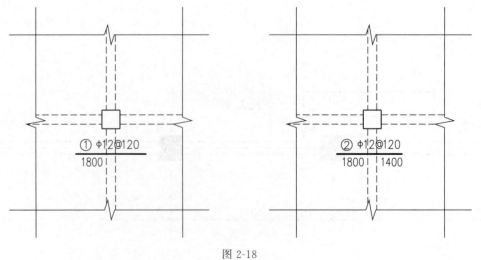

图 2-18

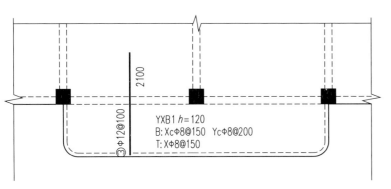

图 2-19

任务四 柱平法识图的基本知识及技能要求

一、思考题

1. 柱平法施工图采用哪些表达方式？

2. 什么叫柱列表注写方式？什么叫柱截面注写方式？

3. 柱中有哪些钢筋？各有什么作用？

4. 柱平法图中如何表示柱的纵筋？

5. 柱中箍筋在平法中如何表示？

6. 如何在柱表中描述柱的钢筋？

二、技能训练

1. 柱内的钢筋有_____、_____、_____。

2. 柱平法施工图系在柱平面布置图上采用_____或_____表达。

3. 在柱平法施工图中，尚应按规定注明各结构层的_____
_____。

4. 当柱纵筋直径相同，各边根数也相同时（包括矩形柱、圆柱和芯柱），将纵筋注写在_____一栏中；除此之外，柱纵筋分_____、_____、_____三项分别注写（对于采用对称配筋的矩形截面柱，可仅注写一侧中部筋，对称边省略不注）。

5. 当圆柱采用螺旋箍筋时，需在箍筋前加_____。

6. 写出下列构件代号的构件名称
KZ_____；KZZ_____；LZ_____；
XZ_____；QZ_____。

7. 按图 2-20 填空。

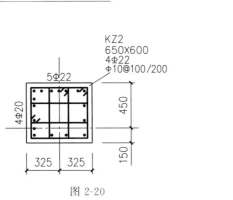

图 2-20

图 2-20 中 KZ2 集中标注中 650×600：_____，4 ⊕ 22：_____，Φ 10@ 100/200：_____，b 边中部配_____，h 边中部配_____。

8. 根据图 2-21 柱图和柱配筋表所述，画出图中各框架柱的断面配筋图。

3. 250～6. 250m 框架柱配筋表

柱号	$b \times h$	全部纵筋	角筋	b 边一侧中部筋	h 边一侧中部筋	箍筋	箍筋类型号
KZ1	300×400	4 ⊕ 16＋4 ⊕ 14	4 ⊕ 16	1 ⊕ 14	1 ⊕ 14	⊕ 8@ 100/200	1 (3×3)
KZ1a	300×400	10 ⊕ 16	4 ⊕ 16	2 ⊕ 16	1 ⊕ 16	⊕ 8@ 100/200	1 (3×3)
KZ2	350×400	4 ⊕ 16＋4 ⊕ 14	4 ⊕ 16	1 ⊕ 14	1 ⊕ 14	⊕ 10@ 100	1 (3×3)
KZ3	400×400	8 ⊕ 16	4 ⊕ 16	1 ⊕ 16	1 ⊕ 16	⊕ 8@ 100/200	1 (3×3)
LZ1		12 ⊕ 16				⊕ 8@ 100	

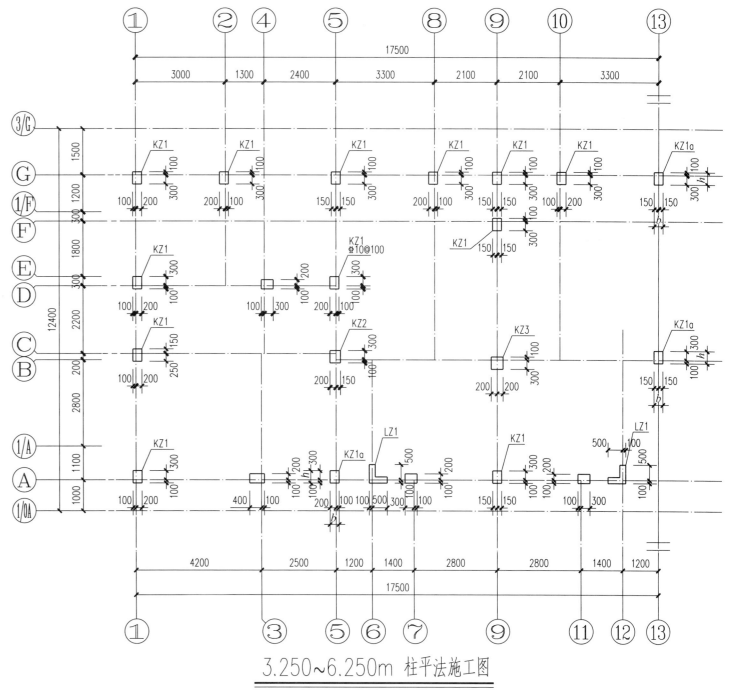

3.250～6.250m 柱平法施工图

图 2-21

任务五　剪力墙平法识图的基本知识及技能要求

一、思考题

1. 剪力墙结构由哪几类构件组成？

2. 墙柱类型有哪些？

3. 剪力墙各类构件由哪些钢筋组成？

4. 剪力墙平法识图有哪几种标注方式？

5. 各种构件的代号是什么？各种构件由哪些钢筋组成？如何用平法表示？

6. 剪力墙柱表、剪力墙梁表、剪力墙墙身表应该标注哪些内容？

7. 剪力墙上开洞在平法中如何表示？

8. 开洞后的补强筋如何表示？

二、技能训练

1. 剪力墙结构中的主要受力构件是哪些？

2. 图集中把暗柱和端柱统称为_____，其又分为两大类：_____和_____。

3. 墙身中的钢筋有_____。

4. 墙柱中的钢筋有_____。

5. 墙梁中的钢筋有_____。

6. 剪力墙平面整体配筋图系在剪力墙平面布置图上采用_____或_____表达。剪力墙平面布置图也可以与柱平面布置图合并在一张图纸上。图上应注明_____，使一张图纸上所表达的信息尽量完整。

7. 列表注写方式将剪力墙分成_____三类构件并分别列表，对应于剪力墙平面图上的编号，用绘制截面配筋图并注写几何尺寸和配筋具体数值的方式，来表达剪力墙平法施工图。

8. 填写下列代号所表示的构件名称。

Q _____；BKL _____；LL _____；
GBZ _____；AL _____；YBZ _____。

9. 墙身编号：由墙身代号_____、序号以及墙身配置的水平与竖向分布筋的排数组成，即：QXX（X排）。

10. 填写以下构件的代号。

连梁（无交叉暗撑及无交叉钢筋）_____，连梁（有交叉钢筋）_____，暗梁_____，连梁（有交叉暗撑）_____，边框梁_____。

11. 填写剪力墙柱表内容。

① _____

② _____

③ _____

12. 填写剪力墙身表内容。

① _____

② _____

③ _____

13. 填写剪力墙梁表内容。

① _____

② _____

③ _____

14. 剪力墙上洞口的表示方法：在剪力墙平面布置图上绘制洞口示意，标注洞口中心的平面定位尺寸，然后从洞口中心位置引注下列四项内容。

① 洞口编号：矩形洞口为_____，圆形洞口为_____。

② 洞口几何尺寸：矩形_____，圆形_____。

③ 洞口中心相对标高：系相对于结构层楼（地）面标高的洞口中心高度。高于结构层时为_____，反之_____。

15. 洞口每边的补强钢筋按以下规则表示。

（1）当矩形洞口的宽、高均不大于800mm时，如果设置构造补强纵筋，即洞口每边加筋≥2Φ12且不小于同向被切断钢筋总面积的50％时，可以不标注。当不符合以上条件时，应注写洞口每边补强钢筋的数值。

JD2 400×300 ＋3.10 3Φ16 表示_____
_____。

（2）当矩形洞口的宽＞800mm时，在洞口上下需设置补强暗梁，此时应注写暗梁的纵筋与箍筋（补强暗梁的梁高一律定为400mm，若梁高不是400mm应另行标注）；当洞口上下为剪力墙的连梁时此项免标；洞口竖向两侧按边缘构件配筋，此项不标注。

JD5 1800×2100 ＋1.80 6Φ20；Φ8@150 表示_____
_____。

（3）当圆形洞口直径≤300mm时，需注写圆洞四边的补强钢筋，当洞口直径满足300mm＜D＜800mm时，其加强钢筋按照外切正六边形的边角布置，此时，注写六边形中一边的补强钢筋的具体数值。

YD3 400 ＋1.00 2Φ14 表示_____
_____。

项目三
建筑工程图的识读及绘制

学习目标

知识目标

- 了解建筑物的基本组成
- 掌握建筑总平面图的含义、形成、图示表达内容及识图方法
- 理解建筑平面图、立面图、剖面图、建筑详图的含义、形成过程和作用
- 掌握建筑平面图、立面图、剖面图、建筑详图的图示内容及规定画法
- 掌握结构施工图的图示内容及规定画法
- 掌握绘制建筑工程图的步骤与方法，学会施工图的绘制

能力目标

- 学会建筑施工图与结构施工图的识读
- 学会建筑平面图、建筑立面图、建筑剖面图、建筑详图的绘制
- 学会轴线符号、索引符号、详图符号、指北针等符号的正确表达

知识导图

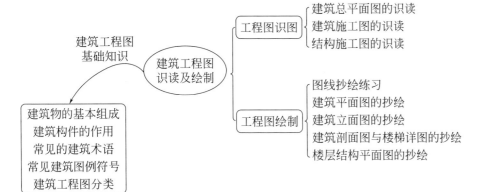

任务一　建筑总平面图的识读

一、思考题

1. 什么是建筑总平面图？它表达的主要内容有哪些？

2. 建筑总平面图的作用有哪些？

3. 建筑总平面图在绘制时常采用的绘图比例有哪些？

4. 在总平面图中，指向可用什么来表示？

5. 什么是风向频率玫瑰图？其作用是什么？

6. 新建建筑通常在总平面图中应如何标注？总平面图中的尺寸单位如何规定？

7. 总平面图中，如何区分新旧建筑物？

8. 标高数字的单位是什么？一般标注到小数点以后几位数字？

9. 什么是等高线？等高线的作用是什么？

10. 地势平缓程度在总平面图中如何确定？

11. 总平面图中，地形的凹凸如何判断？

12. 建筑总平面图读图的基本步骤是什么？

13. 什么是建筑用地面积？

14. 什么是建筑占地面积、总建筑面积？

15. 建筑密度和容积率的概念是什么？

16. 各经济指标之间有何关系？

17. 什么是建筑红线和建筑控制线？其主要作用是什么？

二、识读技能训练

根据图 3-1 完成下列填空。

1. 从图 3-1 中可以看出，新建建筑物为_____，该建筑物的建筑占地面积为_____，原有建筑物为_____、_____、_____和_____。

2. 校区内，新建建筑物共_____层，假设新建建筑物每层的建筑面积均相等，则该建筑物的总建筑面积为_____。

3. 新建建筑物相对标高±0.000 相当于绝对标高_____ m，室外绝对标高为_____ m，室内外高差为_____ m，假设从室外到室内设 150mm 等高的台阶，则应设_____级台阶。

4. 总平面图中，3#教学楼坐_____朝_____，该建筑物共有_____个出入口，满足设计要求。

5. 总平面图中，所有尺寸均以_____为单位，该区域内，北侧建筑物后退红线为_____ m，从图中可以看出，该区域的主导风向为_____风。

6. 从图中可以看出，该总平面图所采用的比例为_____。

7. 假设本区域的规划用地面积为 21184.0m²，计算下列经济技术指标。

（1）建筑总占地面积

（2）建筑总面积

（3）建筑密度

（4）容积率

8. 假设本区域的绿化占有率为 20%，则该区域内绿地占有面积为_____。

××学校教学行政区

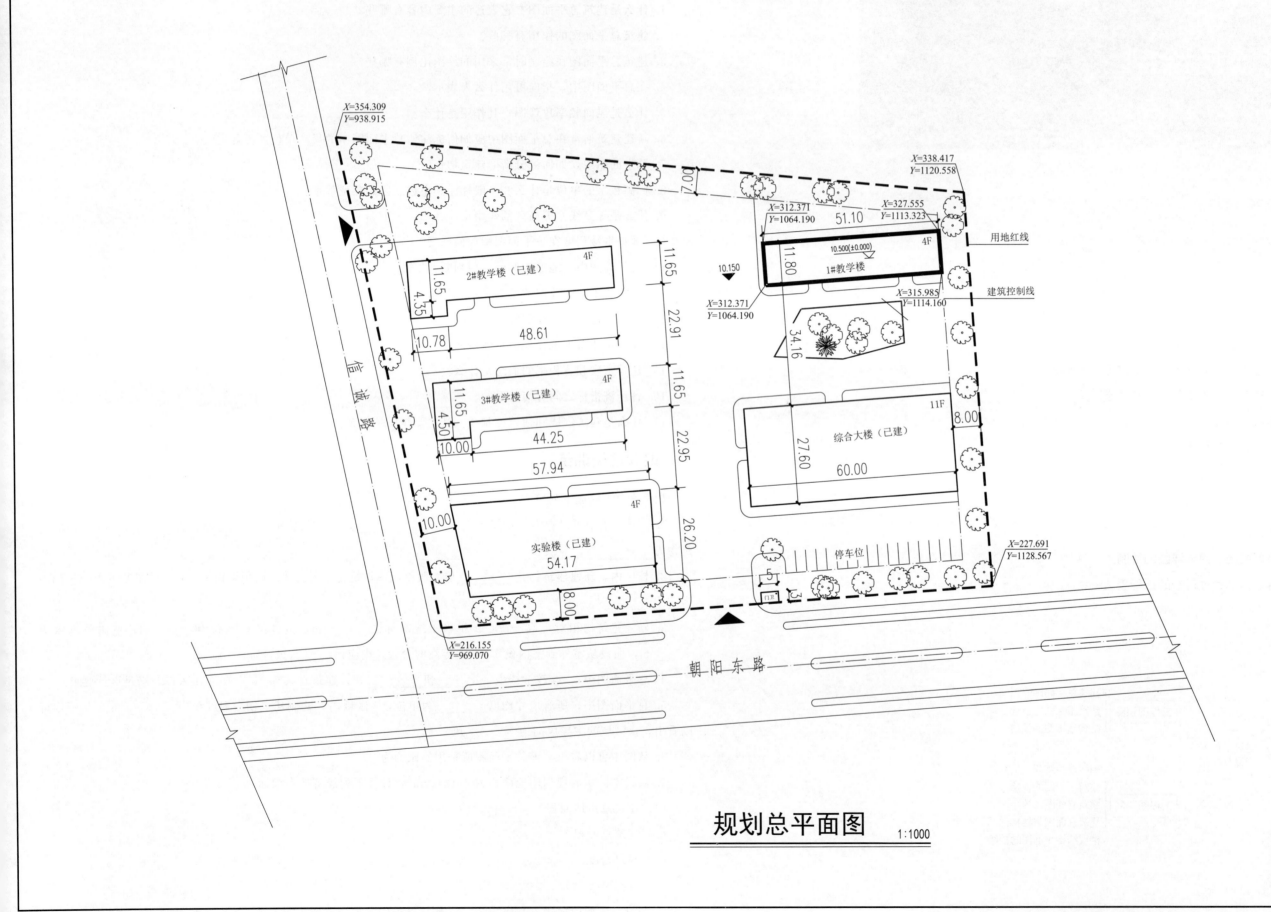

北

图例：

- - - - 用地红线

········· 建筑控制线

绿化用地

4F 已建建筑

4F 新建建筑及层数

停车位

规划总平面图

1:1000

×××设计公司	建 设 单 位	×××公司	
	工 程 名 称	1#教学楼	
审 核			图 别 总
校 对	规划总平面图		图 号 0
设 计			日 期 ××

图 3-1

任务二　建筑施工图的识读

一、思考题

1. 房屋建筑设计包括哪几个阶段？

2. 什么是施工图？施工图一般包含哪些工程图？

3. 房屋建筑施工图识读的方法和步骤是什么？

4. 施工图的图示特点有哪些？

5. 什么是建筑施工图？其包含的基本图纸有哪些？

6. 总平面图中，常采用什么来表示建筑物、道路、管线的具体位置？

7. 什么是建筑平面图？其图示内容有哪些？

8. 建筑平面图中，定位轴线编号编制的基本原则是什么？

9. 房间的开间和进深是什么？

10. 首层平面图在表达内容上和中间层建筑平面图有哪些不同？

11. 一般在哪个平面图中应标注剖切符号？

12. 什么是建筑总尺寸、定位尺寸和细部尺寸？

13. 屋面平面图中特有的表示内容有哪些？

14. 什么是建筑立面图？阅读建筑立面图时应掌握哪些基本内容？

15. 建筑立面图的主要作用是什么？

16. 立面图是如何进行命名的？

17. 在立面图中，外墙面的构造做法和装修材料如何表示？

18. 什么是层高和净高？层高和净高的关系是什么？

19. 什么是标高？绝对标高和相对标高有什么不同？

20. 建筑剖面图是怎样形成的？其主要用途有哪些？它主要表示哪些内容？

21. 剖面图的数量是根据什么来确定的？

22. 什么是建筑详图？建筑详图的作用和特点有哪些？

23. 详图与平、立、剖面图之间的索引关系是什么？

24. 详图的内容有哪些？

25. 什么是楼梯详图？楼梯详图是怎样形成的？楼梯详图一般包括哪些基本内容？

26. 什么是楼梯平面图？楼梯平面图中，除标注出楼梯间的开间、进深尺寸和踏面数、踏面宽的尺寸外，还应标注出什么尺寸？

27. 什么是外墙详图？外墙详图的主要图示内容有哪些？

28. 女儿墙、女儿墙压顶、滴水、散水和明沟的基本概念是什么？

29. 绘制建筑施工图的基本步骤和方法是什么？

二、识读技能训练

（一）识读图纸目录、建筑专业工程一般说明与建筑装修材料表（图 3-2、图 3-3）

1. 本工程名称为_____工程。本套图纸共包含图纸_____张，其中，总平面图_____张，平面图_____张，立面图_____张，详图_____张。

2. 本工程的建筑占地面积为_____，建筑面积为_____，建筑总高度为_____，建筑层数为_____层。

3. 本工程建筑耐火等级为_____，建筑物的耐火等级是按照建筑物主要构件的_____和_____所确定的。

4. 本工程抗震设防烈度为_____度，其抗震等级是否为 7 级？_____（是或否），其建筑设计年限为_____年。

5. 本工程屋面的防水等级为_____级。

思考：防水层的合理使用年限为_____年，根据《屋面施工技术规范》（GB 50345—2012），屋面防水等级分为_____级。

6. 本工程室内外地面高差为_____，首层地面的相对标高为_____，绝对标高为_____。

7. 本工程有水房间墙体的砌筑砂浆为_____，无水房间墙体的砌筑砂浆为_____。

8. 室外楼梯、过道等临空处栏杆的高度为_____，并在栏杆下部设高为_____混凝土翻边。

9. 设置在防火墙处的防火卷帘，其耐火极限不小于_____。

10. 在无障碍设计中，轮椅出入地面的高差为_____，并以_____过度，门不宜采用力度较大的_____。

11. 试绘出坡屋面的构造层次和防滑地砖楼面的构造层次简图。要求图线清晰，并注明各层采用的材料及构造做法。

（二）识读一、二层平面图（图 3-4 建施-02）

1. 本张图纸的名称为_____，其绘图比例为_____。

2. 从图中可知，该建筑物共有_____个出入口，其中主出入口位于建筑物的_____侧（填写方位）。

3. 本建筑在建筑设计的过程中考虑了无障碍设计，图中无障碍坡道的宽度为_____mm，水平投影的长度为_____mm，坡度为_____。

4. 从一层平面图可以看出，建筑物的总长为_____m，总宽为_____m。

5. 首层教室西北面设上下双层窗，其中下层窗的编号为_____，该窗洞口的高度为_____mm，宽度为_____mm。

6. 本工程散水的宽度是_____mm，其构造做法详见_____。

7. 首层平面图中，④～⑤号轴线之间有一索引符号_____，该符号中的分母 10 代表_____，看图方向为_____。

8. 一层平面图室内地面标高为_____m，二层地面标高为_____m，一层层高为_____m。

9. 一层共有_____个剖切符号，说明后续有_____个剖面图。

10. 根据指北针，可以判断该建筑物的朝向为_____。

11. 一层入口上方设建筑构件_____，其排水坡度为_____，该构件设管径为_____的泄水管，其外伸长度_____。

12. 从图中可以看出，每个教室设_____个单扇_____（填开启方式）门，其编号为_____，该门洞口的宽度为_____。

13. 一层卫生间地面标高为_____，二层卫生间地面标高为_____。

14. 从图中可以看出，本工程一层的建筑面积为_____ m²，二层保温层面积为_____ m²。

15. 从图中可以看出，男女卫生间均设前室，前室与卫生间均设门洞口，洞口的宽度为_____ mm，洞口的高度为_____ mm。

16. 从一层平面图中可以看出，从室外到室内设台阶，共设_____级台阶，每级台阶的踏面宽度为_____ mm，台阶的高度为_____ mm。

17. 从图中可以看出，教师办公室的开间为_____ m，进深为_____ m。

（三）识读三、四层平面图（图 3-5 建施-03）

1. 根据图纸建施-03举例说明，定位轴线编号为_____是纵墙，定位轴线编号为_____是横墙，定位轴线编号为_____是外墙，定位轴线编号为_____是内墙。

2. 从图中可知，Ⓑ轴墙厚为_____ mm，Ⓓ轴墙厚为_____ mm，⑦轴、⑨轴墙厚为_____ mm。

3. 三、四层平面图中，楼梯间形式为_____（开敞或封闭楼梯间），楼梯平面形式为_____，其中_____为无障碍楼梯。

4. 三、四层平面图中，走廊净宽为_____ mm，普通教室开间尺寸为_____ mm，进深尺寸为_____ mm。

5. 卫生间门洞高_____ mm，宽_____ mm，编号为_____的窗是高窗。

6. 普通教室门洞尺寸为_____ mm×_____ mm，该门的开启方式为_____。

7. 为防止走廊地面积水，走廊上设坡度为_____的_____。

8. 四层平面图与三层平面图未合并绘制，其主要原因是_____部位存在巨大差异。

9. 三、四层平面图中，走廊的布置形式为_____，其排水方式为_____排水，走廊与教室的楼面高差为_____ mm。

10. 走廊地面的面层采用_____材料，设计中_____（是/否）进行防水处理；教室地面的面层采用_____材料，设计中_____（是/否）进行了防水处理。卫生间地面的面层采用_____材料，防水材料为_____。

11. 从图中可以看出，该建筑物三层楼面建筑标高为_____ m，四层楼面建筑标高为_____ m，三层层高为_____ mm。

（四）识读闷顶、屋顶平面图（图 3-6 建施-04）

1. 闷顶的平面范围纵向为_____轴至_____轴，横向为_____轴至_____轴，其屋面形式为_____，屋面的排水坡度为_____，该排水坡度的表示方法采用_____法表示。

2. 闷顶内所注标高表示的是楼层中的_____层的相对标高，从图中可以看出其相对标高为_____ m，绝对标高为_____ m。

3. 从图中可以看出，闷顶建筑面积为_____ m²。

4. 图中平屋面为_____坡排水屋面，其排水坡度为_____，其找坡材料采用_____，材料找坡又称

_____找坡。

5. 根据排水立管的位置，屋面的排水方式属于_____排水。

6. 图中平屋面上人检修孔位于四层的_____房间内，其孔洞尺寸为_____ mm×_____ mm，其做法详图引自标准图集，图集编号为_____，具体位置在该图集的第_____页。

7. 坡屋面山墙墙面做法应详见建施_____，图纸内编号为_____的节点详图，该详图比例为_____。

8. 从图中可以看出，屋面最高点标高为_____ m，女儿墙压顶距离室外地坪的高度为_____ m。

9. 从图中可以看出，平屋面周边设女儿墙，女儿墙的高度为_____ m，屋顶平面图中平屋面部分所标注的标高为_____标高，其大小为_____ m。

10. 从图中可以看出，Ⓓ轴一侧屋面檐沟内共设_____落水口，其构造做法详见标准图集_____。

（五）识读①-⑧、Ⓓ-Ⓐ立面图（图 3-7 建施-05）

1. ①-⑧立面图中，二层南侧高窗窗台标高为_____ m，窗洞口高度_____ mm，该窗编号为_____，开启方式为_____。

2. ①-⑧立面图中，三层走廊扶手高度为_____ mm，该扶手标高为_____ m。

3. 从①-⑧立面图中可以看出，女儿墙高度为_____ mm。

4. 如图所示，外墙面饰面材料共有_____种，其中_____和_____两类饰面材料应用面积最大。勒脚部位所采用饰面材料为_____和_____。

5. ①-⑧立面图中，雨篷板底标高为_____ m，其饰面材料为_____，防水层材料为_____。

6. ①-⑧立面图中，无障碍坡道扶手栏杆的材质为_____，上层扶手高度为_____ mm，下层扶手高度为_____ mm。

7. 出入口处门洞口的净高为_____ mm。

8. 从图中可以看出，该建筑物的总高度_____ m，室内外地面高差为_____ mm。

9. 从图中可以看出，该建筑物二层的层高为_____ m，三层的层高为_____ m。

10. ①-⑧立面图也可命名为_____（东、南、西、北）立面图。

11. ①-⑧立面图采用的绘图比例是_____。

12. ①-⑧立面图中，符号 $\frac{1}{11}$ 为_____符号。具体构造做法见建筑施工图第_____张第_____号详图。

13. 立面图中，地坪线所使用的线型为_____线。

（六）识读⑧-①立面图　Ⓐ-Ⓓ立面图（图 3-8 建施-06）

1. 从图中可以看出，每层卫生间共有_____个高窗，窗洞高_____ mm。每间普通教室共有_____个高窗，窗洞高_____ mm。

2. 空调架采用_____材料饰面。

3. 楼梯间窗下墙采用_____材料饰面。教师办公室窗台采用_____材料饰面。

4. 从图中可以看出，从室外到室内设过渡构件_____，该构件共_____个踏步。

5. Ⓐ-Ⓓ立面图中，Ⓓ号轴墙体在楼层中间的两个凸状投影是构件_____的投影。

6. ⑧轴处悬挑构件为_____，其挑出长度为_____ m。

7.⑧-① 立面图中，对应平面图中的⑤～④轴间，一层共设_____个窗，下部窗洞口的大小为_____ mm×_____ mm，上部窗洞口的大小为_____ mm×_____ mm。

（七）识读 1-1、2-2 剖面图（图 3-9 建施-07）

1．根据剖切位置和方向，纵向剖面图的编号为_____，横向剖面图的编号为_____。

2．教学楼一层走廊的层高为_____ mm，三层走廊层高为_____ mm。

3．从图中可以看出，位于⑧号外墙的雨篷，其出挑距离为_____ mm，根据结构形式分类，该雨篷属于_____式，根据材料和施工方式分类，它属于_____。

4．走廊墙裙高度为_____ mm，饰面材料为_____。

5．坡屋面采用_____法来标注屋面坡度的大小。

6．教室门洞高为_____ mm，靠走廊一侧的外窗窗台高为_____ mm，窗洞高为_____ mm。

7．Ⓐ轴处屋面框架梁，其高度为_____ mm。

8．从图中可以看出，该建筑二层和四层的层高分别为_____ mm和_____ mm。

9．二层普通教室楼面面层厚度为 50mm，教室结构板厚 200mm，则该教室结构标高为_____，该教室净高为_____ mm。

（八）识读楼梯 A 大样图（图 3-10 建施-08）

1．从图中可以看出，楼梯 A 的平面形式为_____，楼梯间形式为_____，开间尺寸为_____ mm，进深尺寸为_____ mm。

2．楼梯 A，其楼梯间的净宽为_____ mm，梯井宽为_____ mm，梯段净宽为_____ mm（靠墙扶手中心线距离墙面 100mm），中间休息平台的净宽为_____ mm。

3．楼梯 A，其一、二、三层中间休息平台的标高分别为_____ m、_____ m、_____ m，二、三、四层楼层平台的标高分别为_____ m、_____ m、_____ m。

4．楼梯 A 一层包括两个梯段，第一个梯段水平长度为_____ mm，有_____级，第二个梯段水平长度为_____ mm，有_____级，踏步宽为_____ mm，踏步高为_____ mm。三层楼梯梯段的长度（水平投影长度）为_____ mm。

5．从图中可以看出，楼梯扶手的高度为_____ mm，顶层临空处水平段扶手高度为_____ mm，护窗栏杆的防护高度为_____ mm。

6．按照梯段的结构形式分，楼梯 A 属于_____式。

7．楼梯栏杆的材质为_____，扶手材质为_____，靠墙扶手做法选用的图集为_____，踏步防滑条做法选用的图集为_____，安装栏杆所需预埋件的做法选用的图集为_____。

（九）识读卫生间、楼梯 B 大样图、节点详图（图 3-11 建施-09）

1．从图中可以看出，卫生间 A 的一层地面标高为_____ m，同相邻走廊地面高度相差_____ mm，三层卫生间 B 的楼面标高为_____ m，同相邻走廊楼面高度相差_____ mm。

2．卫生间 A 的地面排水坡度为_____，总共设置了_____个地漏。其中男卫共设置了_____个成品洗手盆，相邻洗手盆中心间距为_____ mm。每个坑位的尺寸为_____ mm×_____ mm，坑位隔断高_____ mm，材质为_____，做法选用图集编号为_____。

3．无障碍坡道详图比例为_____，坡道坡度为_____，坡道水平投影长度为_____ mm，坡宽为_____ mm；坡道扶手水平长度为_____ mm，上下两道扶手高度分别为_____ mm、_____ mm，扶手材质为_____，直径为_____ mm，壁厚_____ mm。栏杆和安全挡台的连接方式为_____，栏杆中心间距为_____ mm。

（十）识读节点详图（图 3-12 建施-10）

1．①轴外墙钢筋混凝土结构部分采用的保温材料为_____，厚度约为_____ mm，填充墙部分采用的保温材料为_____，水平空调板采用的保温材料为_____。

2．节点①是_____建筑构件的详图，比例为_____。

节点⑤是_____建筑构件的详图，比例为_____。

节点⑥是建筑的_____部位的详图，比例为_____。

3．建筑中采用_____的构造做法可以有效防止墙面上的雨水漫延至相邻板底面或门窗。

4．空调板的排水方式属于_____（有/无）组织排水。

（十一）识读门窗表、门窗详图、节点详图、教室放大平面图（图 3-13 建施-11）

1．编号为 M1032 的门，其所采用的材质为_____，该门洞口的高度为_____ mm，洞口的宽度为_____ mm，此门在三层平面中共有_____樘，在整栋建筑中共有_____樘。

2．本工程中，乙级防火门的编号为_____，丙级防火门的编号为_____。

3．铝合金窗采用 6＋12A＋6 的中空玻璃，其中空气层的厚度为_____ mm，玻璃采用单片厚度为_____ mm 的安全玻璃。

4．门 M0710 的开启方式为_____，窗 LC1822 的开启方式为_____。

5．教室讲台的高度为_____ mm，宽度为_____ mm；课桌间走道宽度为_____ mm；黑板的长度为_____ mm，最不利的座位的视线与黑板的夹角为_____。

6．节点①中，雨篷采用_____作为防水材料，采用细石混凝土作为找坡层，这种找坡方式称为_____找坡，排水坡度为_____。

图 纸 目 录

序号	图 号	图 纸 名 称	规格	备注
01	建施-01	建筑专业工程一般说明　建筑装修材料表	A1	
02	建施-02	一层平面图、二层平面图	A1	
03	建施-03	三层平面图、四层平面图	A1	
04	建施-04	闷顶平面图　屋顶平面图	A1	
05	建施-05	①-⑧立面图　⑩-④立面图	A1	
06	建施-06	⑧-①立面图　④-⑩立面图	A1	
07	建施-07	1-1剖面图　2-2剖面图	A1	
08	建施-08	楼梯A大样图	A1	
09	建施-09	卫生间、楼梯B大样图　节点详图	A1	
10	建施-10	节点详图	A1	
11	建施-11	门窗表　门窗详图　节点详图　教室放大平面图	A1	

×××设计公司	建 设 单 位	×××公司		
	工 程 名 称	1#教学楼		
审 核		图 纸 目 录	共 1 页	第 1 页
校 对			图 别	建施
设 计			日 期	×××

使 用 图 集 目 录

序号	图集编号	图 集 名 称	备注
01	12J926	无障碍设计	
02	06J204	屋面节能建筑构造	
03	15J403-1	楼梯 栏杆 栏板(一)	
04	09J202-1	坡屋面建筑构造（一）	
05	11J934-1	《中小学校设计规范》图示	
06	11J934-2	中小学校场地与用房	
07	12J304	楼地面建筑构造	
08	12J609	防火门窗	
09	06CJ05	蒸压轻质砂加气混凝土(AAC)砌块和板材建筑构造	
10	10CJ16	挤塑聚苯乙烯泡沫塑料板保温系统建筑构造	
11	JGJ113-2015	建筑玻璃应用技术规程	
12	苏J01-2005	施工说明	
13	苏J02-2003	地下工程防水做法	
14	苏J03-2006	平屋面建筑构造	
15	苏J06-2006	卫生间、洗池	
16	苏J08-2006	室外工程	
17	苏J09-2004	墙身、楼地面变形缝	
18	苏J10-2003	瓦屋面	
19	苏J12-2005	室内装饰木门	
20	苏J35-2009	铝合金节能门窗	

×××设计公司	建 设 单 位	×××公司		
	工 程 名 称	1#教学楼		
审 核		使 用 图 集 目 录	共 1 页	第 1 页
校 对			图 别	建施
设 计			日 期	×××

图 3-2

建筑专业工程一般说明

1 设计依据

1.1 经审批通过的建筑设计方案及初步设计文件。

1.2 业主对施工图设计的要求及所提供的有关资料。

1.3 国家和江苏省颁发的现行设计规范和工程建设强制性条文。

2 工程概况

建筑面积	2087.25m²	主要结构类型	框架结构	建设地点	潮滨区
建筑占地面积	577.43m²	抗震设防烈度	7度	建筑类别	学校建筑
建筑高度	16.35m	建筑耐火等级	二级	合理使用年限	50年
建筑层数	4	屋面防水等级	Ⅱ		

3 标高、坐标及图中标注尺寸

3.1 本建筑室内±0.000标高相当于黄海系统绝对标高10.50m，室内外高差450mm。

3.2 本工程楼层标高系指建筑专业楼地面标注标高。

3.3 建筑准确方位坐标见总图专业平面图。

3.4 本施工图中，标高及总图以米（m）为单位，其余以毫米（mm）为单位。

4 砌体工程

4.1 墙体：墙体除注明者外均为200厚，且轴线居中或墙体齐柱边。

4.1.1 非承重墙与其他墙、柱或楼地面连接及门窗过梁构造应符合有关墙体标准图集构造的规定。

4.1.2 本工程基础墙、内外承重墙所有砌体与砂浆材料、强度标号详见结构施工图。

墙体材料应用：（1）±0.000以上外墙为250厚蒸压轻质砂加气混凝土砌块，内隔墙为A3.5蒸压加气混凝土砌块。

（2）卫生间隔墙为：离地200mm范围内用C20细石混凝土浇筑，其余均为A3.5蒸压加气混凝土砌块。

（3）女儿墙：钢筋混凝土。

（4）平屋面退台有门处：凡是无混凝土翻梁处做C20混凝土翻边200高，宽度同墙宽，并与屋面板一起整浇。

4.2 砂浆

4.2.1 砌筑砂浆：多水房间采用M5水泥砂浆，其他部位采用M5混合砂浆，特殊部位按结构施工说明要求选用。

4.2.2 防水砂浆：1:2水泥砂浆掺水泥重5%防水剂。

4.3 砌筑要求

4.3.1 砌块产品的质量要求及施工方法应符合国家有关技术标准。

4.3.2 各种悬臂端部及砌体墙长度大于5m时，在中部或适当位置须设置构造柱，构造柱钢筋预留，但应在墙体砌筑后施工，做法详见结构图。到顶的墙体须与梁底板顶紧，做法为：墙体顶上一皮实心砌块砌筑，上端预留50mm用C20细石混凝土填实。混凝土空心砌块墙与钢筋混凝土梁、墙、柱连接应满足《蒸压加气混凝土砌块、板材构造》（13J104）的要求。

4.3.3 主要设备用房的墙体均需预留设备入口，施工单位须与安装单位配合施工，待设备就位后再封堵墙体。

4.3.4 墙、柱凸角处，凸角用1:2水泥砂浆护角，宽50mm，高2000mm，做成与墙、柱抹灰面相平。

4.3.5 未注明门垛尺寸分别为：200墙厚门垛为100mm，100墙厚门垛为100mm。

4.3.6 墙体防潮：室内地坪下60mm处做防水砂浆防潮层，做法为1:2水泥砂浆掺5%防水剂20mm厚，当室内地面有高差时，应在高差处墙身侧面做防潮层（有地梁时可不设）。

4.3.7 凡埋入砖墙或混凝土内的木构件表面均应用环保型材料做防腐处理；墙上留洞、穿管，其缝隙应用不燃材料填塞密实。

4.3.8 墙体的砌体与构造柱、框架柱的拉结等做法见结构专业图纸。

4.3.9 梁柱与多孔砖墙、加气块及其他轻质墙体交接处，应在墙面上加钉钢丝网以防抹灰裂缝，钢丝网宽度为墙面每边不小于300mm。

4.3.10 女儿墙内构造柱与墙体内构造柱：

除单体设计另有说明外，屋面砖砌女儿墙内应设钢筋混凝土构造柱，每开间不少于一个，且间距不大于3m，构造柱截面宽厚均为一砖，高度同女儿墙，上部钢筋伸入混凝土压顶，具体设备及配筋详见结构图。墙体内的构造柱建筑图仅标出位置，具体设置及配筋详见结构施工图。

4.3.11 通风竖井砌筑时，内壁砌筑砂浆灰缝须饱满，应随砌随抹平压光，保证风道饱实，内侧平整，风道底部的建筑垃圾应清理干净。

4.3.12 外墙防水层及相关节点构造须满足JGJ/T 235—2011相关规定的要求。

5 门、窗工程

5.1 门窗框安装位置除注明者外，单面弹簧门、平开门框与门开启方向的墙面平齐；窗、双面弹簧门框位于墙厚的中心位置。

5.2 凡露明铁件均涂红丹防锈漆二道打底，调和漆两度。

5.3 所有门窗上部过梁、圈梁或连系梁，均应按门窗要求埋设预埋件，或用膨胀螺钉固定。

5.4 建筑工程中的门窗材料、系列及框料色彩均见门窗表及有关说明。

5.5 所有门窗材料及五金配件样品、构件大样必须确定质量符合国家标准图要求，由建筑师检查审定后，建设单位认可方能定货，且在加工门窗前应对所有门窗洞口进行校核。

5.6 门窗立面图为设计的立面分格图，其外包尺寸为门窗洞口尺寸，门窗实际加工尺寸应扣除粉刷厚度。外墙粉刷与外门窗洞口尺寸、外门窗尺寸关系如下（单体图中另有说明者除外）。

门窗尺寸		一般粉刷涂料面	面砖贴面
门	宽度	L（洞）—50mm	L（洞）—80mm
	高度	H（洞）—25mm	H（洞）—4mm
窗	宽度	L（洞）—50mm	L（洞）—80mm
	高度	H（洞）—50mm	H（洞）—80mm

注：L（洞）为洞口宽度，H（洞）为洞口高度。

5.7 保温、隔音门窗制作安装应保证其气密性和避免冷桥产生。

公建应满足GB 50189—2015第4.2.2中的有关规定。

保温、隔音门的启闭力应不大于50N。

5.8 所有铝合金门窗均按苏J35—2009（塑钢门窗均按苏J30—2008）标准图的要求制作和安装。同时其选材还应符合《建筑玻璃应用技术规程》（JGJ 113—2015）及国家发改运行［2003］216号文件《建筑安全玻璃管理规定》的要求。

5.9 玻璃厚度详见门窗表说明，在以下的情况使用玻璃时必须采用安全玻璃：

①7层及7层以上建筑物外开窗；

②面积大于1.5m²的窗玻璃或玻璃底边离最终装修面小于500mm的落地窗；

③幕墙（全玻幕除外）；

④倾斜装配窗，各类天棚（含天窗、采光顶），吊顶；

⑤观光电梯及其外围护；

⑥室内隔断，浴室围护和屏风；

⑦楼梯、阳台、平台走廊的栏板和中庭内栏板；

⑧用于承受行人行走的地面板；

⑨水族馆和游泳池的观察窗、观察孔；

⑩公共建筑的出入口、门厅等部位；

⑪易遭受撞击、冲击而造成人体伤害的其他部位。

注：1. 所有门窗安全中空玻璃其内外两片均应为安全玻璃；

2. Low-E中空玻璃，Low-E膜应设置于外片内侧。

5.10 设计如采用玻璃幕墙，其安全性及构造要求应符合《玻璃幕墙工程技术规范》（JGJ 102—2003），供应商应具备相应的资质并提供规定的质保文件。所有平开窗大于600mm×140mm，推拉窗大于900mm×1500mm的由厂家核算后确定玻璃类型及厚度。

5.11 窗的各项物理性能等级要求：

抗风压性能　多层：3级　$2.0 < P_3 < 2.5$（kPa）

气密性能　公建≥6级

水密性能　4级　$350 \leq \Delta P < 500$

5.12 门窗用材

5.12.1 铝合金窗的型材壁厚不得小于1.4mm，门的型材壁厚不得小于2mm。

5.12.2 塑料门窗的型材必须选用与其相匹配的热镀锌增强型钢，型钢壁厚应满足规范和设计要求，但不小于1.2mm。

5.12.3 选用五金配件的型号、规格和性能应符合国家现行标准和有关规定要求，并与门窗相匹配。平开门窗扇的铰链或撑件等应选用不锈钢或铜等金属材料。推拉窗必须有防脱落装置，平开门应设置磁碰或其他开启后的固定设施。

5.12.4 除注明者外，窗玻璃最小5厚，门玻璃最小6厚。

5.13 门窗的洞口尺寸及形式相同，仅开启方向不同时，本设计均采用同一门窗编号，应按平面图所示方向进行加工和安装。

5.14 外墙门窗防水要求：

外墙门窗洞口与铝合金窗框间的四周空隙采用膨胀式聚氨酯枪式泡沫填缝剂（又称建筑摩丝）灌缝，或预留门窗洞口与窗框间的四周空隙用聚合物砂浆嵌填密实。

6 屋面工程

6.1 屋面做法详见建筑装修材料表（建施-01）。

6.2 屋面工程必须严格按照《屋面工程技术规范》（GB 50345—2012）进行施工、验收。

6.3 伸出屋面的管道、设备或预埋件等，应在防水层施工前安设完毕。屋面防水层完工后，应避免在其上凿孔打洞。

6.4 雨水管、水斗均为UPVC制品，雨水管规格DN110×3.2，雨水采用65型，内天沟水落口见国标03J201-2中4/G15，穿女儿墙水落口见国标03J201-2中1/G16，水落管、落水斗见国标03J201-2中1/G16。

6.5 伸出屋面的防水处理应符合下列规定：

（1）设施基座与结构层相连时，防水层应包裹设施基座的上部，并在地脚螺栓周围做密封处理，做法见99S201-1中第4页。

（2）在防水层上放置设备时，设施下部的防水层应做卷材增强层，必要时应在其上浇筑细石混凝土，其厚度不应小于50mm。

图 3-3

(3) 需经常维护的设施周围和屋面出入口至设施之间的人行道应铺设刚性保护层，做法为空铺卷材一层，上设 600 宽、50 厚 C20 细石混凝土。

6.6 管道穿平屋面做法见国标 03J201-2 中 1/G25，穿坡屋面做法见国标 00SJ202（一）中 4/35。

6.7 卷材防水屋面：内部排水的水落口周围应做成略低的凹坑，水落管距离墙面不应小于 20mm。

卷材防水屋面，当高跨屋面为无组织排水时，低跨屋面受水冲刷的部位应加铺一层整幅卷材，再铺设 500 宽、50 厚 C20 细石混凝土预制板保护；当有组织排水时，水落管下加设 400mm×400mm×40mm C20 细石混凝土接水板（内配 4Φ4）。

6.8 檐口、天沟均做 1% 纵坡，自最薄处 20 厚开始。卷材防水屋面基层与突出屋面结构（女儿墙、立墙、天窗壁、变形缝、烟囱等）的交接处，以及基层的转角处（水落口、檐口、天沟、檐沟、屋脊等），均应做成圆弧。

7 楼地面工程

7.1 楼、地面做法详见建筑装修材料表。

7.2 楼地面工程应按《建筑地面工程施工质量验收规范》（GB 50209—2010）进行施工及验收。

7.3 除注明外卫生间、饮水间楼地面标高，比相应的室内楼地面标高低 30mm，敞开阳台、平台外走廊的楼地面标高比相应的室内楼地面标高低 50mm，以上部位楼地面必须向地漏或室外落水处做 1% 的坡度。

7.4 卫生间、饮水间等有防水要求的房间四周墙体下部（除门洞外）做 200 高素混凝土防水导墙，宽同墙厚并与梁板一起整浇。

7.5 当底层地面与柱、墙之间有可能产生不均匀沉降时，应在地面与墙、柱的交接处留 20mm 宽变形缝，缝中填沥青麻丝，并做密封材料封顶。

7.6 底层地面的混凝土垫层应纵横设置缩缝。纵向缩缝做平缝，缝间不得设置隔离材料，而应彼此紧贴。横向缩缝做 10mm 宽、1/3 垫层厚度深电锯假缝，施工完毕，缝内嵌填 1：2 水泥砂浆。水泥砂浆和细石混凝土地面面层的分格缝应与混凝土垫层缩缝对齐，做法一样。

7.7 室外地面混凝土散水、台阶、入口坡道构造设计详见建筑装修材料表，混凝土散水宽度如无特殊注明时为 600mm。

7.8 室外台阶、平台等均做 1% 的坡度坡向室外。

7.9 楼板留洞的封堵：所有管道井待设备管线安装完毕后在每层楼板处，用 C20 细石混凝土封堵密实。

8 装饰工程

8.1 做法详见建筑装修材料表或有关立、剖面图及详图所注。

8.2 装饰工程应按《建筑装饰装修工程质量验收规范》（GB 50210—2001）进行施工及验收。

8.3 室内装修的土建施工应与暖通空调、给水排水、气体动力、电气通信等安装专业密切配合。

8.4 饰面砖镶贴前应选砖预排，在阴阳角处应使用配件砖。室内面砖采用密缝铺贴，缝宽小于 2mm，用与面砖相同颜色的素水泥浆嵌缝。外墙面砖采用宽缝铺贴，缝宽 5~6mm，深色配套嵌缝剂嵌缝。

8.5 油漆（环保型）：采用调和漆，木装修均为一底二度，金属制品均先用红丹打底，再做油漆二度。

处于一般环境中的室内钢梯、平台、栏杆等露明钢件表面除注明者外，均刷环氧防锈底漆一道，中灰色环氧防腐漆两道，环氧清漆两道。

色彩：室内外木门窗为木本色，室内外铝合金门窗为深灰色，其他外露铁件为深灰色，水落管与外墙同色。

8.6 本建筑二次装修一律不准敲凿混凝土墙体，不得在外立面上凿洞，不准敲梁凿柱，要做室内隔断时必须不得用砖砌。

8.7 除注明外墙面分格线设在每层的窗顶标高处，连续贯通、墙面分格线和滴水线都用塑料嵌条。

8.8 栏杆：除注明外，室内楼梯扶手高度为 900mm。外阳台、外走廊、室外楼梯等临空处（包括梯井宽度大于 200mm 及水平段长度大于或等于 500mm 的室内楼梯）的栏杆高度为 1100mm，下设 100mm 高混凝土翻边。

凡室内外高差大于 0.7m 且侧面临空时，以及出现临空外窗窗台公建低于 800mm，住宅低于 900mm 时或无窗台落地玻璃的情况，应加设护窗栏杆，做法按建施节点图。

当栏杆下部有宽度大于或等于 0.22m，且高度低于或等于 0.45m 的可踏面时，栏杆防护高度应从可踏面顶面起计算。

8.8.1 栏杆抗水平荷载：人流集中的场所不应小于 1000N/m。

8.8.2 金属栏杆型材壁厚应符合以下要求：

(1) 不锈钢：主要受力构件壁厚不应小于 1.5mm，一般杆件不宜小于 1.2mm。

(2) 型钢：主要受力构件壁厚不应小于 3.5mm，一般杆件不宜小于 2.0mm。

(3) 铝合金：主要受力构件壁厚不应小于 3.0mm，一般杆件不宜小于 2.0mm。

8.8.3 砌体栏板压顶应设现浇钢筋混凝土压梁，并与主体结构和小立柱可靠连接。压梁高度不应小于 120mm，宽度不宜小于砌体厚度，纵向钢筋不宜小于 4Φ10。

8.9 凡出挑阳台、雨篷、遮阳板及檐口等下口应做滴水线，要求均匀平直。

8.10 外墙外保温粘贴饰面砖做法按按苏建科［2008］295 号《江苏省应用外墙外保温粘贴饰面砖做法技术规定》执行。

8.11 凡有吊顶房间，墙柱粉刷或装饰面仅做到吊顶标高以上 100mm 处。

9 防火构造

9.1 防火墙必须砌至梁底或板底，不得留缝隙，穿墙管道安装完毕后，须用非燃烧材料将周围封填密实。

9.2 各类防火门窗必须严格遵循防火规范要求耐火时间，必须经消防部门认可的生产厂家制作。

防火门应为向疏散方向开启的平开门，并在关闭后应能从任何一侧手动开启。

9.2.1 用于疏散的走道、楼梯间和前室的防火门应能满足：①自闭功能；②门两侧均能手动开启；③双扇或多扇门能顺序关闭；④常开的防火门，火灾时能自动关闭并有信号反馈。

9.2.2 设置在防火墙处的防火卷帘，必须选用包括背火面温升作为耐火极限判定条件的特级防火卷帘（如双轨双帘无机复合防火卷帘），其耐火极限不低于 3 小时。其上部穿越设备管道处为固定部分，管线周围缝隙用不燃材料填塞密实。防火卷帘安装后与楼板、梁、墙柱之间的缝隙应采用防火材料密实封堵。

9.3 各类防火器材料必须采用消防部门认可的产品。

9.4 电缆井、管道井应每层在楼板处用相当于楼板耐火极限的不燃烧体作防火分隔，电缆井、管道井与房间、走道等相连通的孔洞，其空隙应采用不燃烧材料填实。所有管道井、正压送风井及送排烟风道内壁均随砌随粉，保证表面平整。

9.5 所有电表箱背面及箱上下左右墙面均用防水砂浆粉刷（掺水泥重 5%

防水剂）。水表箱背后敷 5 厚钢板外刷 7 厚薄涂型钢结构防火涂料（耐火极限 1.2 小时）。

9.6 管道竖井防火门高 1800mm，均设 200 高 C20 混凝土门槛。

10 室外工程

10.1 室外平台、台阶、花池、坡道等做法，详见建筑平面图引注。

10.2 建筑及室外场地布置、道路宽度、坡度等均详见总平面图。室外绿化、小品等由环境设计部门配合进行二次深化设计。

10.3 室外散水详见苏 J08-2006-4/30，宽 600mm。

11 建筑无障碍设计

11.1 轮椅出入的门处地面高差不大于 15mm，并应以斜坡过渡。门应采用自动门，也可采用推拉门、折叠门或平开门，不应采用力度大的弹簧门。

11.2 轮椅出入的门，应安装视线观察玻璃、横执把手和关门拉手，在门扇的下方应安装高 0.35m 的铝质护门板。

11.3 无障碍坡道两侧应设扶手，做法详见节点详图。

11.4 供轮椅通行的推拉门和平开门，在门把手一侧的墙面，应留有不小于 0.50m 的墙面宽度。

12 图例

本图图例 名称	混凝土双排孔砌块	蒸压轻质砂加气混凝土砌块	钢筋混凝土（大样）	钢筋混凝土
	蒸压加气混凝土砌块	加气混凝土砌块		

建筑装修材料表

分类	序号	名称	做法及说明	适用部位	备注
地 面	1	水泥地面 A	1. 20 厚 1：2 水泥砂浆压实抹光 2. 60 厚 C15 混凝土 3. 100 厚碎石夯实 4. 素土夯实	一层配电间	
	2	地面 D 水磨石地面（有保温层）	1. 15 厚 1：2 水泥彩色水磨石嵌铜条抹光打蜡 2. 素水泥浆结合层一道 3. 20 厚 1：2 水泥砂浆找平层 4. 40 厚细石混凝土保护层，内配 3φ@50 双向钢丝网 5. 40 厚挤塑聚苯板保温层（燃烧性能 B1 级） 6. 聚氨酯三遍涂膜防水层，厚 1.8mm 7. 60 厚 C15 混凝土 8. 100 厚碎石夯实 9. 素土夯实	一层普通教室 一层教师办公室	
	3	防滑地砖地面	1. 8~10 厚地面砖，干水泥擦缝 2. 撒素水泥面（撒适量清水） 3. 20 厚 1：2 干硬性水泥砂浆（或建筑胶水泥砂浆）粘结层 4. 刷素水泥浆（或界面剂）一道 5. 60 厚 C15 混凝土 6. 100 厚碎石夯实 7. 素土夯实	一层走廊、楼梯间 开敞门厅	
	4	防滑地砖地面（有防水层）	1. 8~10 厚防滑地砖，干水泥擦缝 2. 撒素水泥面（洒适量清水） 3. 20 厚 1：2 干硬性水泥砂浆粘结层 4. 刷素水泥浆（或界面剂）一道 5. 40 厚 C20 细石混凝土 6. 聚氨酯三遍涂膜防水层，厚 1.8mm 7. 60 厚 C15 混凝土，随捣随抹平 8. 100 厚碎石或碎石夯实 9. 素土夯实	一层卫生间	

图 3-3

分类	序号	名称	做法及说明	适用部位	备注
楼面	1	楼面A 水泥楼面	1.C20细石混凝土30厚，表面撒1:1水泥砂子随打随抹光 2.水泥浆一道（内掺建筑胶）3.现浇钢筋混凝土楼板	电管井、设备间	本做法详见12J304A7
	2	楼面B 防滑地砖楼面（有保温层）	1.8~10厚地砖，干水泥擦缝 2.5厚1:1水泥砂浆结合层 3.20厚1:3水泥砂浆找平层，周边抹小八字 4.20厚水泥发泡（燃烧性能A级）5.12厚1:2水泥砂掺5%防水剂，粉平抹光 6.现浇钢筋混凝土楼板	外走廊	走廊水泥砂浆加防水剂
	3	楼面C 防滑地砖楼面	1.8~10厚地砖，干水泥擦缝 2.5厚1:1水泥砂浆结合层 3.20厚1:3水泥砂浆找平层 4.现浇钢筋混凝土楼板	内走廊、楼梯间	
	4	楼面D 防滑地砖楼面（带防水层）	1.8~10厚地砖，干水泥擦缝 2.5厚1:1水泥砂浆结合层 3.30厚C20细石混凝土，坡向地漏 4.聚氨酯二遍涂膜，厚1.2防水层周边卷起200mm高，所有楼面与墙面、竖管转角处均加300mm宽布二涂 5.20厚1:3水泥砂浆找平层，周边抹小八字 6.现浇钢筋混凝土楼板	卫生间、饮水处	防水层周边卷起200mm高，所有楼面与墙面、竖管转角处，附加300mm宽一布一涂
	5	楼面E 水磨石楼面	1.15厚1:2水泥彩色水磨石嵌铜条抹光打蜡 2.素水泥浆结合层一道 3.30厚C20细石混凝土 4.捣制钢筋混凝土楼板	普通教室	
	6	楼面F 复合木地板楼面	1.8~10厚复合木地板 2.铺一层2~3厚配套软质垫层（带防潮薄膜）3.20厚1:3水泥砂浆找平层 4.现浇钢筋混凝土楼板	教师办公室	
内墙面	1	混合浆粉面	1.刷白色乳胶漆 2.5厚1:0.3:3水泥石灰膏砂浆粉面 3.15厚1:1:6水泥石灰砂浆打底	除卫生间外	1.混凝土墙面刷素水泥浆一道并掺水重5%的801胶 2.加气混凝土墙面刷配套
	2	瓷砖墙面	1.5厚釉面砖白水泥擦缝 2.6厚1:0.1:2.5水泥石灰膏砂浆结合层 3.12厚1:3水泥砂浆打底	卫生间	同上，界剂一道，结合层可改用陶瓷黏结剂
护角线		水泥护角线	1.粉面同内墙面 2.15厚1:2水泥砂浆，每边宽50mm，高2000mm		内墙混合砂浆、石灰砂浆粉刷的阳角、门套阴角、加气混凝土墙时用配套界面剂一道
踢脚线		水泥踢脚线	1.8厚1:2水泥砂浆压实抹光 2.12厚1:3水泥砂浆打底	配电间	
墙裙	1	面砖墙裙	1.1400mm高，5厚釉面砖（300mm×600mm瓷砖）水泥擦缝 2.5厚1:1水泥细砂结合层 3.12厚1:3水泥砂浆打底 4.刷界面处理剂一道	教室	
	2	面砖墙裙	1.1:1水泥砂浆勾缝 2.1400mm高，6~12厚面砖（在面砖黏结面上随贴随刷一道界面处理剂）3.10厚1:0.2:2水泥石灰膏砂浆结合层 4.10厚1:3水泥砂浆打底扫毛	楼梯间、走廊	走廊、楼梯间处用外墙面砖

分类	序号	名称	做法及说明	适用部位	备注
平顶	1	水泥砂浆粉平顶	1.喷刷平顶涂料 2.6厚1:2.5水泥砂浆粉面 3.6厚1:3水泥砂浆打底 4.素水泥砂浆一道（内掺水重5%的801胶）5.现浇钢筋混凝土楼板	卫生间、内走廊	
	2	混合砂浆粉平顶	1.喷刷平顶涂料 2.6厚1:0.3:3水泥石灰膏砂浆粉面 3.6厚1:0.3:3水泥石灰膏砂浆粉面打底扫毛 4.刷素水泥浆一道（内掺水重5%的801胶）5.现浇钢筋混凝土楼板	其余房间	
油漆	1	木材面调和漆	1.调和漆二度 2.满刮腻子 3.底油一度	木门窗、木墙裙、木装修	
	2	木材面清漆	1.清漆二度 2.刷油色 3.满刮腻子 4.底油一度	木门窗、木墙裙、木装修	
	3	金属面调和漆	1.调和漆二度 2.刮腻子 3.防锈漆一度	金属结构	
屋面	1	屋面A 坡屋面（1）（带保温层）防水等级Ⅱ级	1.深灰色水泥瓦 2.1:2水泥砂浆粉30mm×30mm挂瓦条 3.挂瓦条中距按瓦定@600留20mm宽泄水缺口 4.3厚聚氨酯涂膜阴角处加铺一层无纺聚酯纤维 5.40厚C20细石混凝土，内配φ6@200双向筋 6.55厚挤塑型聚苯乙烯保温板（燃烧性能B1级）7.15厚1:2.5水泥砂浆找平（加5%防水剂）8.现浇钢筋混凝土屋面板	结构找坡 细石混凝土与现浇板用φ14@1500双向拉结 本屋面构造参见09J202-1	
	2	屋面D 平屋面（2）（有保温层不上人屋面）防水等级Ⅱ级	1.40厚C30细石防水混凝土，内配φ6@150双向（分格处应断开）粉面压光 2.3厚1:3石灰砂浆隔离层 3.SBS改性沥青防水卷材，厚度4mm（基层处理剂）4.20厚1:3水泥砂浆找平 5.50厚挤塑型聚苯乙烯保温板（燃烧性能B1级）6.现捣泡沫混凝土找坡，i=2%，最薄处为20厚 7.现浇钢筋混凝土屋面板	不上人屋面	找坡材料亦可采用1:8水泥陶粒或泡沫混凝土 屋面结构找坡时可取消找坡层 与女儿墙交接处设500mm宽泡沫混凝土防火隔离带
外墙面		外墙面（1A）（外墙涂料）	1.刷环保型高级弹性涂料二度（颜色由单体工程定）2.硅橡胶弹性底漆及柔性耐水腻子 3.20厚水泥发泡板（燃烧性能A级）4.抗裂砂浆一道（压入玻纤网格布）5.20厚1:2水泥砂浆掺5%防水剂找平层 6.刷界面剂处理一道（砖时可取消）7.基层墙体	线脚压顶详见立面所注	

分类	序号	名称	做法及说明	适用部位	备注
外墙面	2	外墙面（1C）（外墙涂料）	1.外墙涂料 2.外墙腻子两遍 3.6厚聚合物水泥砂浆（CM30）加5%环保型防水剂抹平 4.50厚蒸压轻质砂加气混凝土板材（燃烧性能A级）5.专用黏结剂 6.6厚聚合物水泥砂浆（CM30）专用砂浆抹平 7.2~3厚AAC专用界面剂 8.钢筋混凝土墙体、梁柱	用于冷桥位置	外墙加气混凝土自保温系统做法严格参照《蒸压加气混凝土建筑应用技术规程》（JGJ/T 17—2008）中各项规；定制缝宽≤3mm
	3	外墙面（2A）（外墙面砖）	1.贴6~12厚砖，面砖专用匀缝剂匀缝 2.5厚专用黏结剂粘贴 3.6厚聚合物水泥砂浆（CM30）加5%环保防水剂抹平（含局部热镀锌钢丝网）4.2~3厚AAC专用界面剂 5.250/300厚蒸压轻质加气混凝土砌块（燃烧性能A级）	用于自保温外墙面	面砖质量不应大于20kg/m²，单块砖面积不宜大于0.01m²。外墙加气混凝土自保温系统做法严格参照《蒸压加气混凝土建筑应用技术规程》（JGJ/T 17—2008）中各项规定，灰缝均≤3mm
	4	外墙面（2B）（外墙砖）	1.贴6~12厚面砖，面砖专用匀缝剂匀缝 2.5厚专用黏结剂粘贴 3.6厚聚合物水泥砂浆（CM30）加5%环保型防水剂抹平（含局部热镀锌钢丝网）4.50厚蒸压轻质加气混凝土板材（燃烧性能A级）5.专用黏结剂 6.6厚聚合物水泥砂浆（CM30）专用砂浆抹平 7.2~3厚AAC专用界面剂 8.钢筋混凝土墙体、梁柱	用于冷桥位置	面砖质量不应大于20kg/m²，单块砖面积不宜大于0.01m²。外墙加气混凝土自保温系统做法严格参照《蒸压加气混凝土建筑应用技术规程》（JGJ/T 17—2008）中各项规定，灰缝均≤3mm
台阶	1	台阶（防滑地砖台阶）	1.10厚防滑地砖，干水泥擦缝或1:1水泥细砂浆勾缝 2.8厚1:1水泥细砂浆结合层 3.20厚1:3水泥砂浆找平层 4.刷素水泥浆一道 5.70厚C20混凝土随捣随抹光（厚度不包括踏步三角部分），上撒1:1水泥砂子压实抹光，台阶面向外找坡1% 6.200厚碎石或碎砖，灌M2.5号混合砂浆 7.素土夯实（坡度按工程设计）		
坡道	1	坡道（水泥防滑坡道）	1.20厚1:2水泥砂浆抹面，15mm宽金刚砂防滑条，中距80mm，凸出坡面 2.素水泥浆一道 3.80~100厚C15号混凝土 4.200厚碎石或碎砖灌M2.5号混合砂浆 5.素土夯实（坡度按工程设计）	无障碍坡道	

×××设计公司	建设单位	×××公司	
审核	工程名称	1#教学楼	
校对	建筑专业工程一般说明 建筑装修材料表	图别 建施	
设计		图号 01	
		日期 ×××	

图 3-3

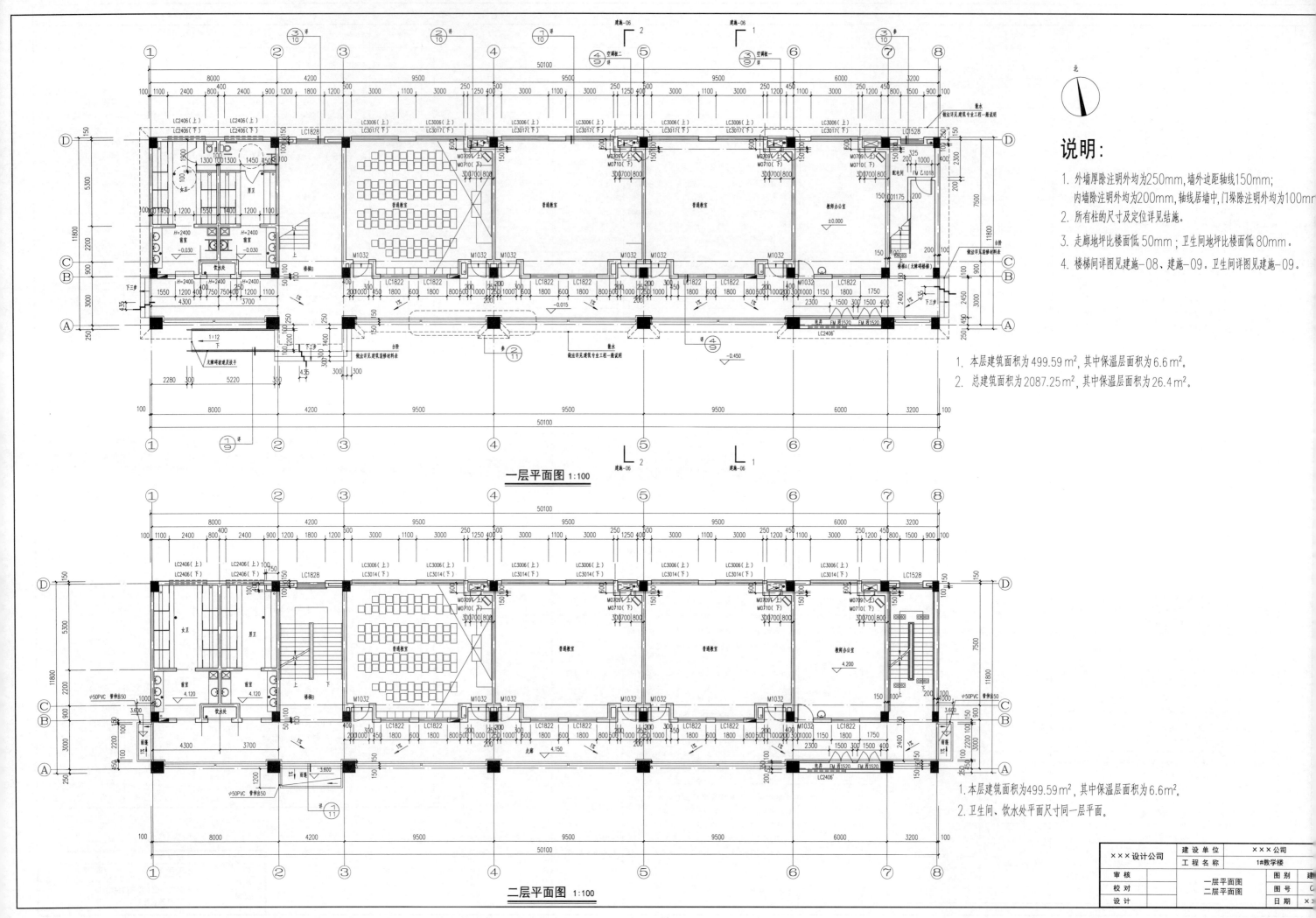

说明:

1. 外墙厚除注明外均为250mm,墙外边距轴线150mm; 内墙除注明外均为200mm,轴线居中,门垛除注明外均为100mm。

2. 所有柱的尺寸及定位详见结施。

3. 走廊地坪比楼面低50mm;卫生间地坪比楼面低80mm。

4. 楼梯间详图见建施-08、建施-09。卫生间详图见建施-09。

1. 本层建筑面积为499.59㎡,其中保温层面积为6.6㎡。
2. 总建筑面积为2087.25㎡,其中保温层面积为26.4㎡。

一层平面图 1:100

1. 本层建筑面积为499.59㎡,其中保温层面积为6.6㎡。
2. 卫生间、饮水处平面尺寸同一层平面。

二层平面图 1:100

×××设计公司	建 设 单 位	×××公司		
	工 程 名 称	1#教学楼		
审 核	一层平面图		图 别	建
校 对	二层平面图		图 号	C
设 计			日 期	××

图 3-4

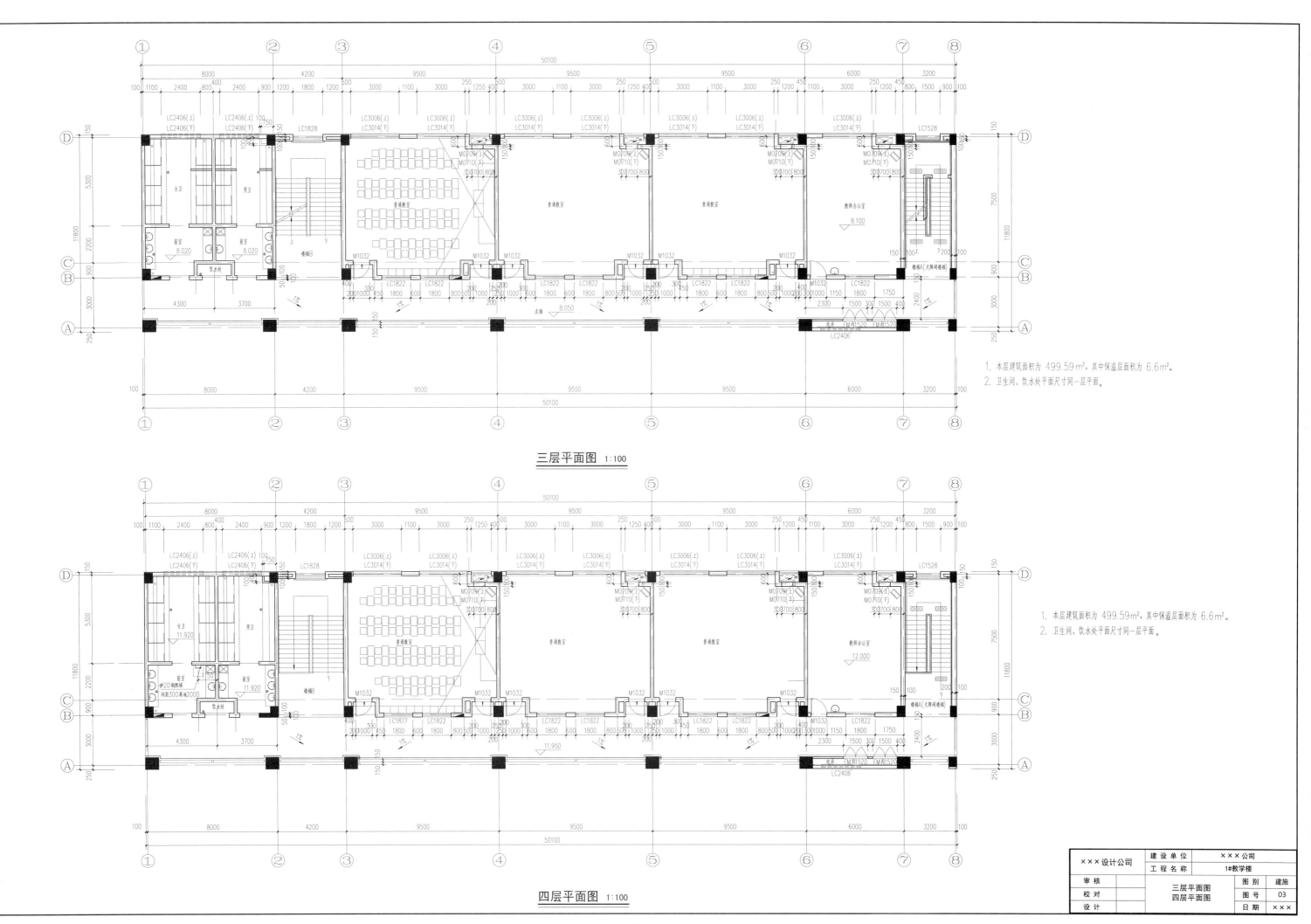

三层平面图 1:100

1. 本层建筑面积为 499.59 m²，其中保温层面积为 6.6 m²。
2. 卫生间、饮水处平面尺寸同一层平面。

四层平面图 1:100

1. 本层建筑面积为 499.59 m²，其中保温层面积为 6.6 m²。
2. 卫生间、饮水处平面尺寸同一层平面。

×××设计公司	建 设 单 位	××× 公司		
	工 程 名 称	1#教学楼		
审 核		三层平面图 四层平面图	图 别	建施
校 对			图 号	03
设 计			日 期	×××

图 3-5

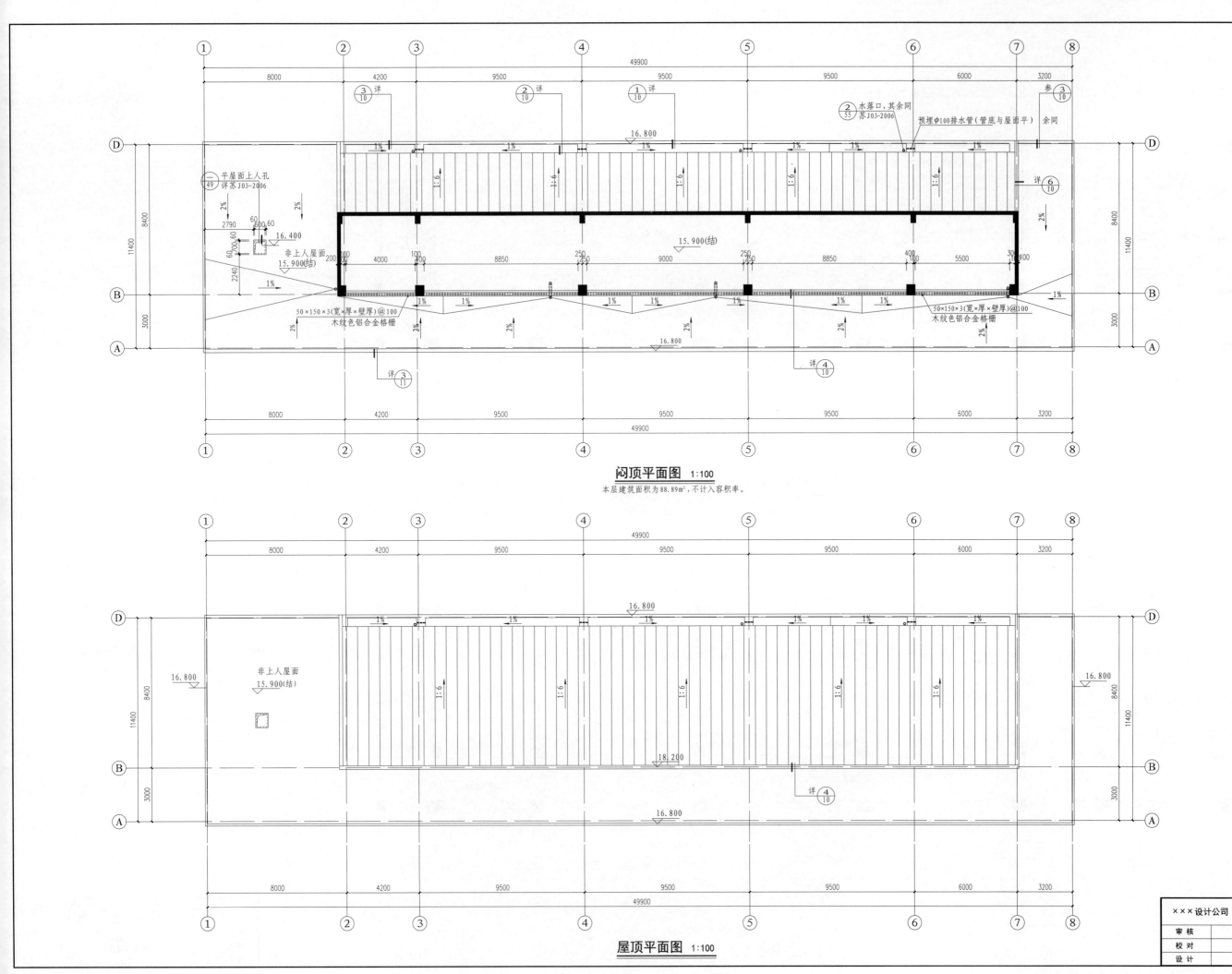

闷顶平面图 1:100

本层建筑面积为88.89m²，不计入容积率。

屋顶平面图 1:100

图 3-6

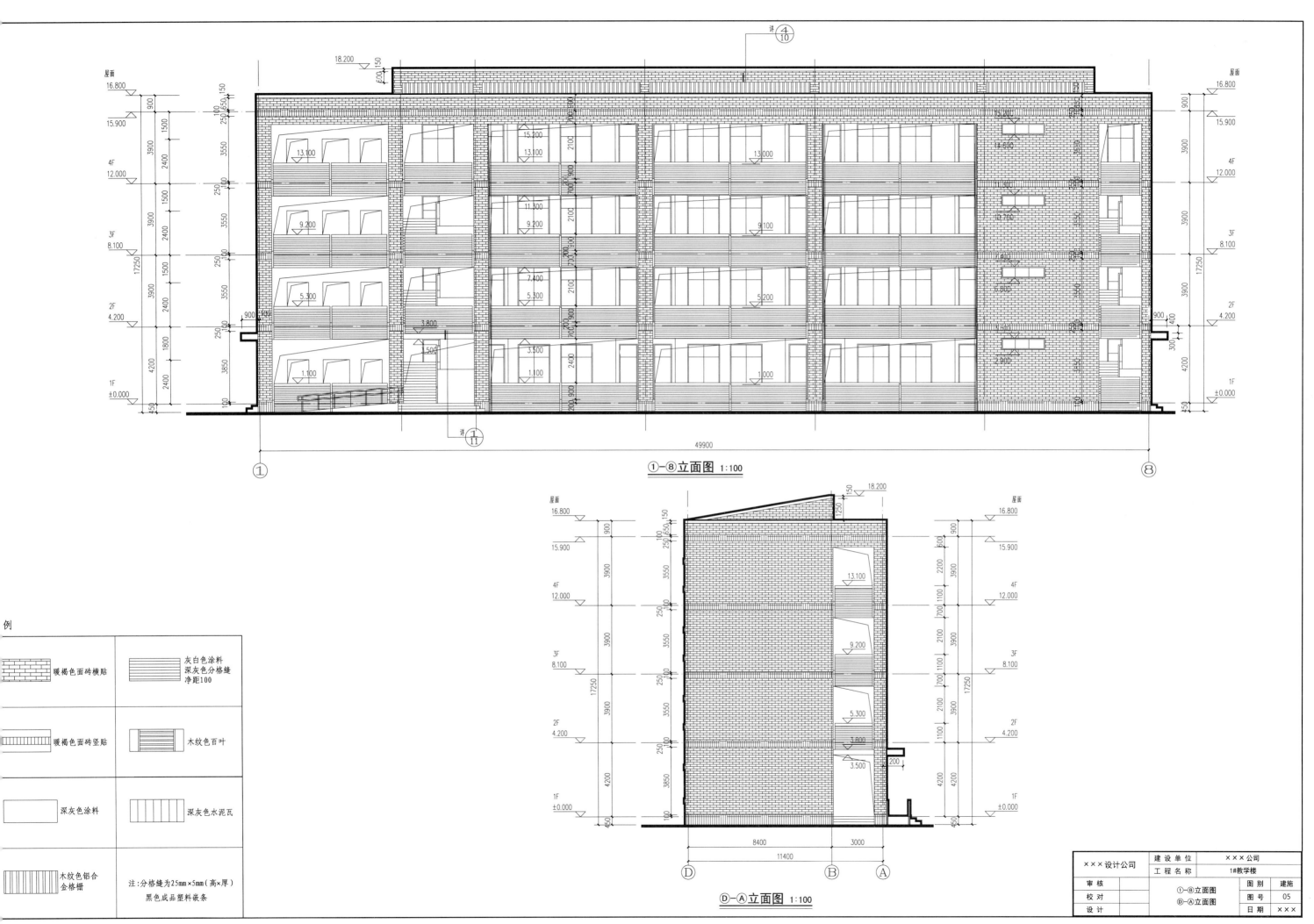

①-⑧立面图 1:100

Ⓓ-Ⓐ立面图 1:100

×××设计公司	建 设 单 位	×××公司	
工 程 名 称	1#教学楼		
审 核		①-⑧立面图	图 别	建施
校 对		Ⓓ-Ⓐ立面图	图 号	05
设 计			日 期	×××

例

暖褐色面砖横贴		灰白色涂料 深灰色分格缝 净距100
暖褐色面砖竖贴		木纹色百叶
深灰色涂料		深灰色水泥瓦
木纹色铝合 金格栅		注:分格缝为25mm×5mm(高×厚) 黑色成品塑料嵌条

图 3-7

图例

	暖褐色面砖横贴		灰白色涂料 深灰色分格缝 净距100
	暖褐色面砖竖贴		木纹色百叶
	深灰色涂料		深灰色水泥瓦
	木纹色铝合金格栅	注：分格缝为25mm×5mm（高×厚） 黑色成品塑料嵌条	

⑧-①立面图 1:100

Ⓐ-Ⓓ立面图 1:100

×××设计公司	建设单位	×××公司		
	工程名称	1#教学楼		
审核		⑧-①立面图 Ⓐ-Ⓓ立面图	图别	建施
校对			图号	06
设计			日期	××

图 3-8

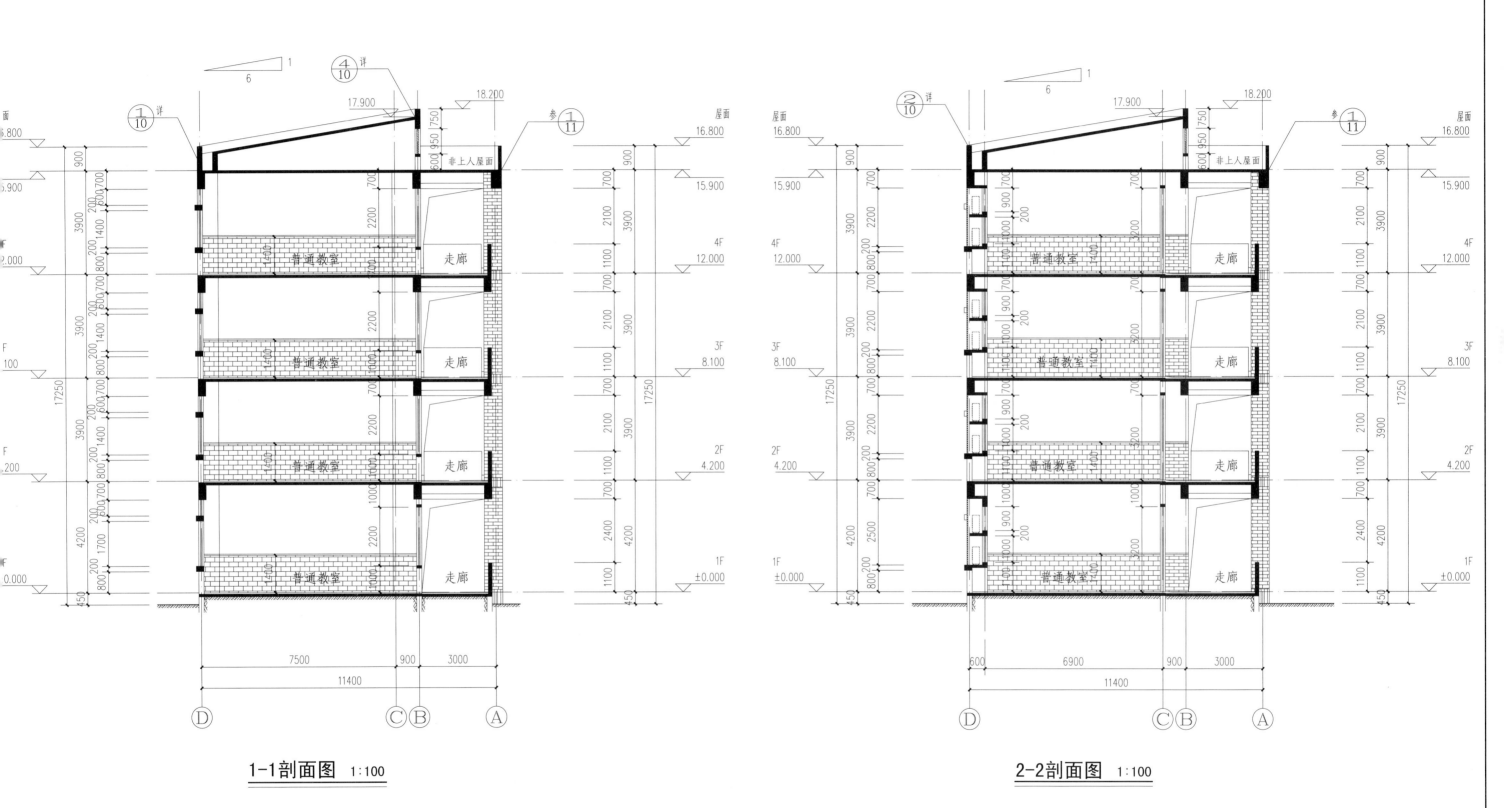

1-1剖面图 1:100

2-2剖面图 1:100

×××设计公司	建 设 单 位	×××公司		
	工 程 名 称	1#教学楼		
审 核		1-1剖面图	图 别	建施
校 对		2-2剖面图	图 号	07
设 计			日 期	×××

图 3-9   025

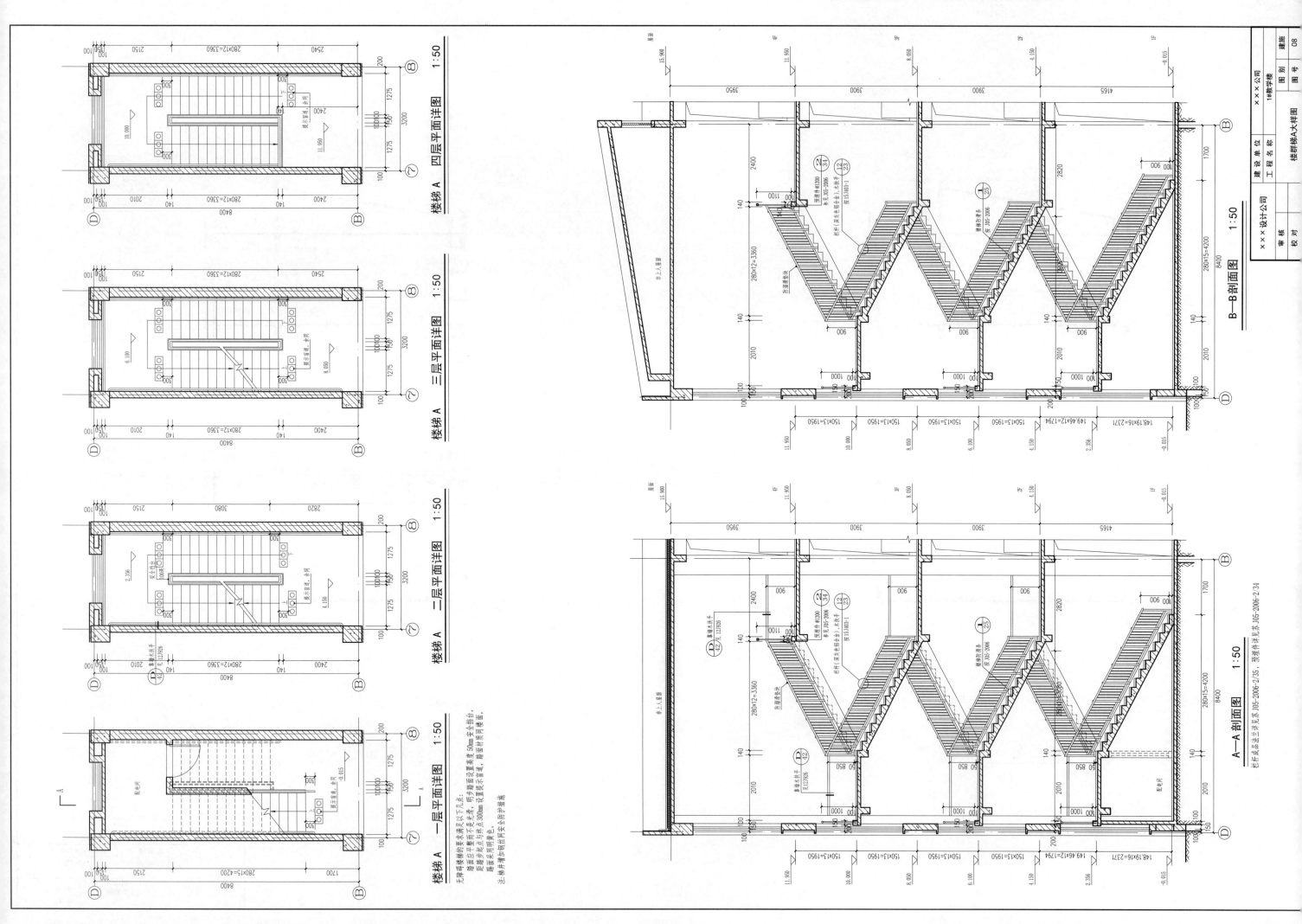

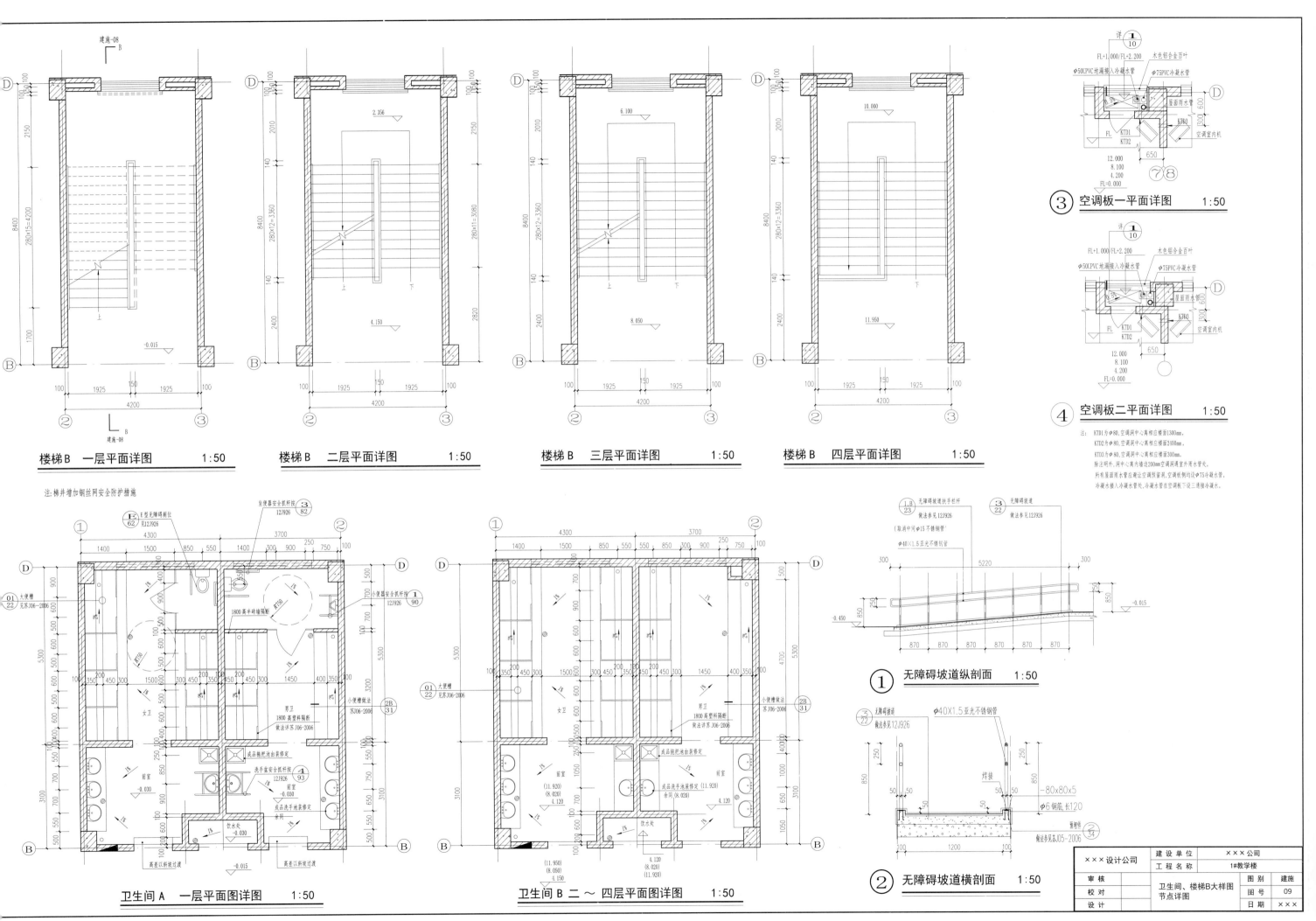

楼梯B 一层平面详图　1:50　　楼梯B 二层平面详图　1:50　　楼梯B 三层平面详图　1:50　　楼梯B 四层平面详图　1:50

注:梯井增加钢丝网安全防护措施

卫生间 A 一层平面图详图　1:50　　卫生间 B 二～四层平面图详图　1:50

③ 空调板一平面详图　1:50

④ 空调板二平面详图　1:50

① 无障碍坡道纵剖面　1:50

② 无障碍坡道横剖面　1:50

×××设计公司　建设单位　×××公司
工程名称　1#教学楼
审核　　　　卫生间、楼梯B大样图　图别　建施
校对　　　　节点详图　　　　　　图号　09
设计　　　　　　　　　　　　　日期　×××

图 3-11

027

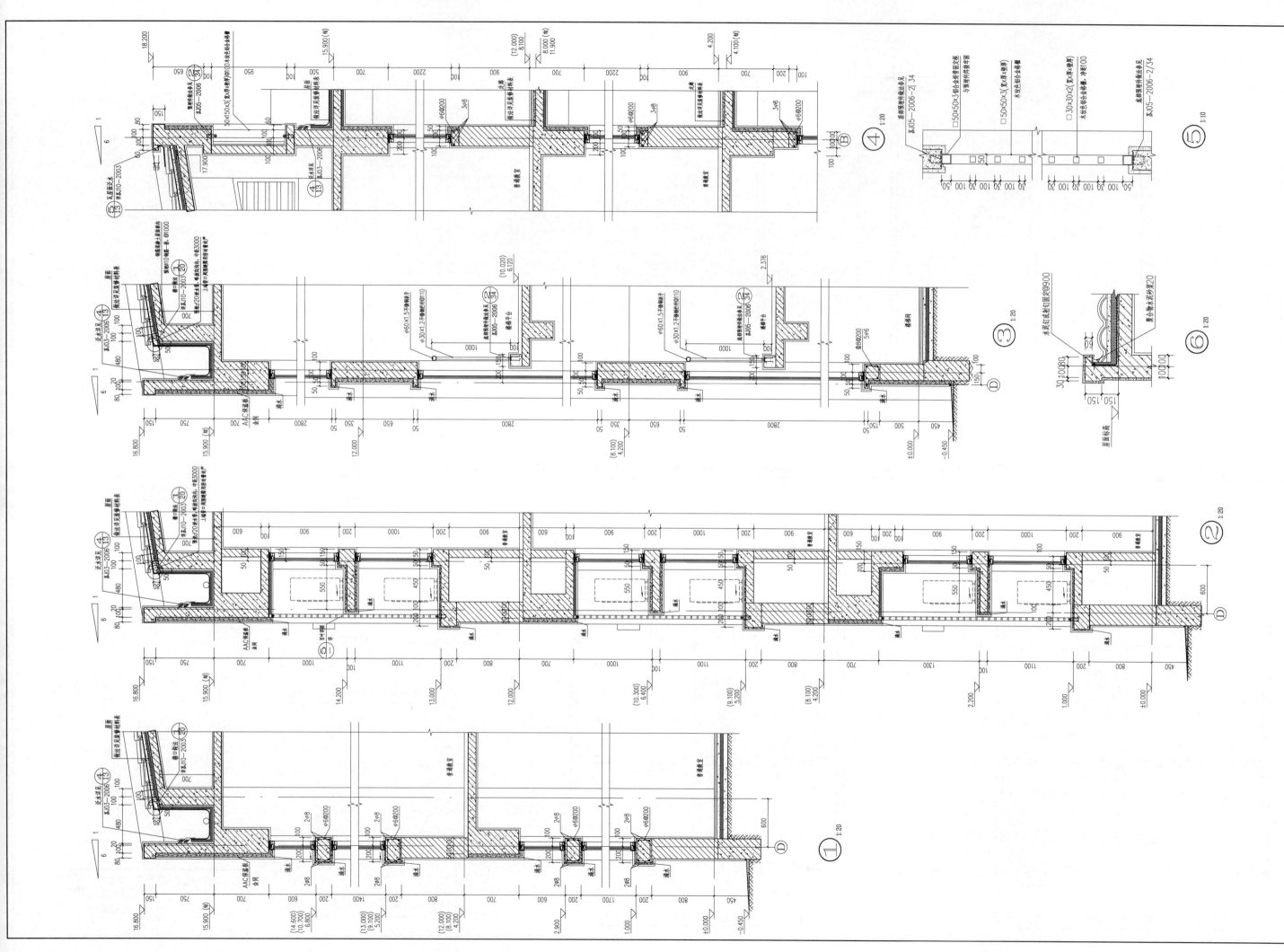

门窗表

类别	设计编号	洞口尺寸/mm		框数						采用标准图集及编号		备注
		宽	高	一层	二层	三层	四层	闷源	小计	图集代号	编号	
木门	M1032	1000	3200	7	7	7	7		28	立面详见本页详图		
	M0710	700	1000	4	4	4	4		16	详见本页详图		
	M0709	700	900	4	4	4	4		16			保温隔声木门
防火门	FMZ1018	1000	1800	1					1			乙级防火门
	FM丙1520	1500	2000	2	2	2	2		8			丙级防火门 专业厂家制作 需消防部门认可
铝合金窗	LC1528	1500	2800	1	1	1	1		4			
	LC1828	1800	2800	1	1	1	1		4			
	LC1822	1800	2200	9	9	9	9		36			
	LC2406	2400	600	4	4	4	4		16			详见本页详图
	LC2406'	2400	600	1	1	1	1		4			
	LC3006	3000	600	7	7	7	7		28			6透明+12空气+6
	LC3017	3000	1700	7					7			透明玻璃-隔热金属窗框
	LC3014	3000	1400		7	7	7		21			

门窗设计说明：

1. 本设计一切应严格按照苏J35—2009铝合金门窗图集总说明进行设计。
2. 本图所示门窗立面图均为外视正立面，安装制作门窗过程中先复核洞口尺寸然后制作。如有变化，须与设计人员及业主商定。
3. 门、窗型材采用深灰色断热铝合金氟碳喷涂门窗系列，型材主要构件壁厚：门≥2.0mm，窗≥1.4mm。制作安装及与墙体固定方法均按省标苏J35—2009图集施工。
4. 铝合金门下档采用高排水，门窗内侧考虑业主自装纱窗。
5. 下列情况应选用安全玻璃：①地弹簧门；②窗单块玻璃面积大于1.5m²；③有框门单块玻璃面积大于0.5m²；④玻璃底边高度最终装修面小于500mm的落地窗；⑤公共建筑出入口门；⑥幼儿园及其他儿童活动场所的门；⑦倾斜窗、天窗；⑧七层及七层以上建筑物外开窗。

6. 窗，门玻璃为6+12A+6中空玻璃，空气厚度12mm，安全玻璃应双面钢化。安全玻璃、中空玻璃的玻璃品种由业主和设计人员共同商定。所有窗玻璃必须满足《建筑玻璃应用技术规程》(JGJ-113—2015)的规定。
7. 门玻璃和固定玻璃应满足《建筑玻璃应用技术规程》(JGJ-113—2015)的规定。有框玻璃应使用符合《建筑玻璃应用技术规程》表7.1.1-1的规定、且公称厚度不小于5mm的钢化玻璃。无框玻璃应使用符合《建筑玻璃应用技术规程》表7.1.1-1的规定，且公称厚度不小于10mm的钢化玻璃。
8. 外门窗水密性、隔声等级为3级，外门窗抗风压性能：气密性高层为6级，多层为4级，透明幕墙气密性等级为3级。
9. 所有门窗均包括五金配件。
10. 门窗框材料及玻璃规格详见节能专篇，外门传热系数与同方位外窗传热系数相同。
11. 外平开悬窗时开启角度不大于30°，外门开启角度不大于30°。
12. 防火门按国标12J609施工。
13. 高地是指高室内地坪建筑标高。未画开启方式的均为固定窗做法。

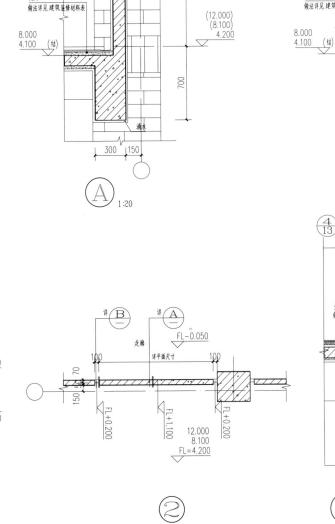

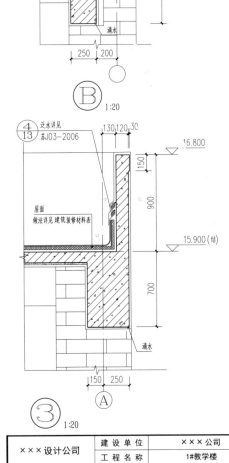

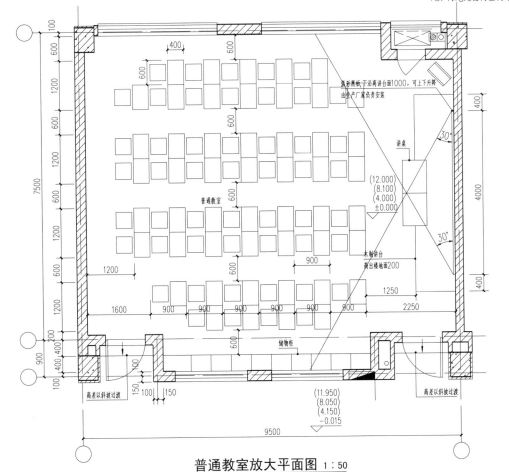

普通教室放大平面图 1:50

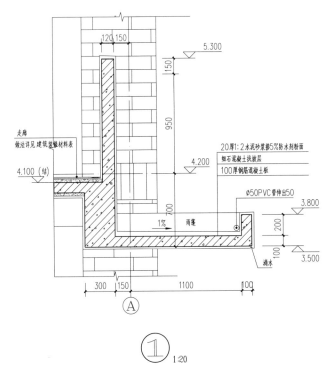

走廊栏板局部放大平面图 1:50

建设单位	×××公司
工程名称	1#教学楼

×××设计公司			
审核		图别	建施
校对	门窗表 门窗详图 节点详图 教室放大平面图	图号	11
设计		日期	×××

图 3-13

029

任务三 结构施工图的识读

一、思考题

1. 什么是结构施工图？结构施工图一般包括哪些内容？

2. 结构施工图与初步设计之间有何区别？

3. 钢筋混凝土结构施工图主要表示哪些内容？

4. 结构施工图的主要作用是什么？

5. 结构施工图识读的方法和步骤是什么？

6. 结构施工图一般按照怎样的顺序编排？

7. 结构施工图制图的线型、线宽的选择一般应遵循什么规定？

8. 结构制图中常见构件、常用钢筋类别的代号是什么？

9. 结构制图中普通钢筋的表示与画法一般有哪些？

10. 什么是结构设计总说明？结构设计总说明一般包含哪些内容？

11. 除了结构设计总说明以外，结构施工图中还有可能包含哪些说明内容？

12. 基础平面图、基础详图都是怎样形成的？分别包含哪些内容？

13. 结构平面布置图是如何形成的？主要包含哪些内容？在表述上又有哪些规定？主要用途有哪些？

14. 结构详图主要包含哪几类？

15. 什么是结构标高？结构标高和建筑标高有什么不同？

16. 建筑的结构高度是从什么标高算起？算到什么标高？

17. 钢筋混凝土楼梯详图主要包括哪些内容？

18. 什么是钢筋混凝土构件的受力钢筋？

19. 什么是钢筋混凝土构件的构造钢筋？与受力钢筋有何区别？

20. 结构常用的基础形式有哪些？

21. 什么是钢筋混凝土结构平面整体表示方法（简称平法）？

22. 平面整体表示方法与传统表达方式的差异在哪？有何优点？

23. 平面注写中集中标注与原位标注是何关系？

24. 集中标注与原位标注的内容分别有哪些规定？

25. 常见几种浅基础平法施工图的具体规定是什么？

26. 柱平法施工图有哪些表示方法？各种注写方式的具体规定是什么？

27. 梁平法施工图有哪些表示方法？各种注写方式的具体规定是什么？

28. 楼屋面板平法施工图有哪些表示方法？

29. 剪力墙平法施工图有哪些表示方法？

30. 平法图集中标准构造详图主要表达的是什么内容？其作用是什么？

31. 平法图集中，常用的楼梯形式有哪几种？

32. 楼梯详图的识读需要注意哪些要点？

33. 什么是结构的节点详图？节点详图的识读需要注意哪些要点？

二、识读技能训练

（一）识读图纸目录、结构设计总说明（图 3-14、图 3-15 结施通 C01）

1. 本工程名称为_____工程。本套图纸共包含图纸_____张，其中，结构设计总说明_____张，基础平面图_____张，柱配筋图_____张，结构平面图_____张，梁配筋图_____张，板配筋图_____张，结构详图_____张。

2. 本工程的结构总高度为_____，结构体系为_____，结构层数为_____层。

3. 本工程设计使用年限为_____，安全等级为_____级，混凝土裂缝控制等级为_____级。

4. 本工程抗震设防类别为_____类，抗震等级为_____级。

思考：现浇钢筋混凝土结构抗震等级主要与_____有关。

5. 本工程教室活荷载为_____ kN/m²，疏散楼梯的活荷载为_____ kN/m²，不上人屋面的活荷载为_____ kN/m²。

6. 本工程中除注明外结构构件的混凝土强度等级为_____，构造柱、芯柱、圈梁等混凝土强度等级不应_____。

7. 本工程中的纵向受力普通钢筋是否一定要采用带 E 钢筋？_____（"是"或"否"）。

8. 本工程焊缝长度的最小尺寸为单面焊_____，双面焊_____。

9. 本工程吊环应采用_____级钢筋。是否可采用冷加工钢筋？_____（"是"或"否"）。

10. 本工程地下环境类别为_____，基础底板板底钢筋的保护层厚度为_____ mm。

11. 基础施工结束，采用素土回填时，素土干重度不小于_____，分层高度一般不大于_____，压实系数不小于_____。

12. 本工程柱纵筋直径大于 25mm 时，应采用_____的连接形式。

13. 当主次梁相交而在主梁上未注明附加箍筋和吊筋时，应在主梁上设置附加箍筋每侧不少于_____个，除注明外，附加箍筋的直径和肢数应符合_____的要求。

14. 现浇板板底筋伸入支座的锚固长度应满足_____要求。

15. 当洞宽在 2100～3600mm 之间时，洞口上方的圈梁高度应为_____ mm。

16. 施工时对跨度≥4m 的混凝土梁、板，宜按跨度的大小取跨度的_____起拱。

（二）识读基础平面布置图、基础详图（图 3-16 结施-01）

1. 本张图纸的名称为_____，本工程所采用的主要基础形式为_____。

2. 本工程基础采用的持力层为_____，地基承载力为_____。

3. 本工程图中未注明的基础埋深为_____，室内设计标高±0.000 相当于黄海高程_____。

4. 本工程共有_____个编号的基础，其中单柱基础有_____个编号，双柱基础有_____个编号。

5. 本工程基础垫层厚度为_____ mm，垫层采用的混凝土强度等级为_____。

6. 从图中可知基础 J-4 长 A 为_____ mm，宽 B 为_____ mm，端部高度为_____ mm，根部高度为_____ mm，底部受力钢筋为_____（两个方向），基础底部标高为_____。

7. 从图中可知基础 J-2 长 A 为_____ mm，宽 B 为_____ mm，端部高度为_____ mm，根部

高度为_____ mm，顶部配筋为_____，底部受力钢筋为（非基础梁配筋）_____（两个方向），基础底部标高为_____。

8. 基础 J-7 中的底板钢筋，除基础边缘第一根钢筋，其余钢筋的长度可取_____ mm。

9. 本工程中双柱基础板底配筋 Ag1 与 Ag2 的上下位置关系是_____。

10. 图中 DL2 的梁顶标高为_____，梁顶保护层厚度为_____ mm，梁顶纵筋为_____，梁底纵筋为_____。

11. 从图中可知，本工程柱纵筋在基础中弯锚长度为_____ mm。

12. 从图中可知，本工程单柱基础中柱在基础内的箍筋配置为_____。

13. 本工程共有_____个条基详图，分别对应了_____种宽度的条基，条基的基底标高为_____。

14. 图中 3-3 剖面图，DQL 顶的标高为_____，DQL 内共配置了_____根纵向钢筋。

15. 图中 1-1 剖面图与 2-2 剖面图所对应的条基区别是_____。

16. 本工程⑬、⑭号节点所对应的详图名称是_____。

（三）识读柱配筋图（图 3-17～图 3-19 结施-02、结施-03、结施-04）

1. 本工程柱配筋图是将柱分为_____段进行配筋的。

2. 本工程柱配筋图的绘图比例为_____。

3. 本工程柱配筋采用的注写方式是否规范？_____（"是"或"否"）。如果和图集中注写方式对应，属于_____的注写方式。

思考：本图中柱配筋的注写方式是否影响识读？

4. 底层柱配筋图中柱标高是从_____到_____。

5. 本工程不同楼层中相同编号的柱是否仅适用于本层？_____（"是"或"否"）。

6. 底层柱配筋图中 KZ-4 截面尺寸为_____，截面角部纵筋配置为_____，截面短边中部纵筋配置为_____，截面长边中部纵筋配置为_____，柱加密区箍筋配置为_____，非加密区箍筋配置为_____，柱节点域箍筋配置为_____。

7. 三层柱配筋图中④轴交⑧轴处 KZ-2 在该区段内的净高为_____ mm。

8. 四层柱配筋图中 KZ-1 纵筋的最小净距为_____ mm。

9. 三层柱配筋图中④轴交⑧轴处 KZ-2 柱底箍筋加密区长度是_____ mm，四层柱配筋图中④轴交⑧轴处 KZ-2 柱顶箍筋加密区长度是_____ mm。

10. 底层柱配筋图中 KZ-3 箍筋（_____）的复合方式为_____。

思考：本工程中柱箍筋的拉筋画法是否有误？为什么？

11. 屋面层柱配筋图中 KZ-1 角筋伸入屋面板中的弯锚段长度为_____ mm。

12. 屋面层柱配筋图中 KZ-1 柱顶标高有_____种，分别是_____。

13. 三层柱配筋图中 KZ-2 角筋采用绑扎搭接，则搭接长度 L_{lE} 为_____ mm。

14. 底层柱配筋图中 KZ-2 角筋采用绑扎搭接，则其非连接区的长度至少为_____ mm。

15. 柱相邻纵筋钢筋连接接头相互错开，在同一连接区段内钢筋接头面积百分率不宜大于_____。

16. 底层柱配筋图中框架柱外包详图中所表示的 L_n 应为_____ mm。

（四）识读结构平面图（图 3-20、图 3-22、图 3-25 结施-05、结施-07、结施-10）

1. 结构平面图中外部尺寸一般只标注_____与_____两道尺寸。

2. 本工程分_____层绘制结构平面图，图中结构平面图的绘图比例为_____。

思考：本工程为何没有绘制一层结构平面图？

3. 本工程构造柱的设置除图中注明外均应按照_____进行设置。

4. 二层结构平面图中楼面结构标高为_____，其中⑧～⑥轴交①～②轴间的阴影区域楼面结构标高为_____，⑥～⑧轴交①～⑧轴间的阴影区域楼面结构标高为_____。

5. 二层结构平面图中②～③轴以及⑦～⑧轴交⑥～⑪轴间以"×"区域表示的板块表示该区域为_____部位。

6. 二层结构平面图中⑧轴上的梁是否居于⑧轴中间布置？_____（"是"或"否"）。

7. 二层结构平面图中⑧～⑪轴交①～②轴间板厚为_____ mm，⑧～⑪轴交③～④轴间板厚为_____ mm。

8. 二层结构平面图中⑧轴交①～②轴之间的梁的表示，一根为虚线，一根为实线，其原因是_____。

9. 二层结构平面图中⑧轴上雨篷的平面尺寸为_____。

10. 三层结构平面图中部分柱内采用两种图例进行填充，即涂实与钢筋混凝土图例两种，这两种图例所表达的含义区别在于_____。

思考：这种表示方法是唯一的吗？

11. 阁楼层结构平面图中未涂实的柱表示的含义是_____。

12. 阁楼层结构平面图中上人孔的做法结构图中是否有表达？_____（"是"或"否"）。

13. 本工程屋面采用的找坡方式为_____，屋面坡度为_____，屋面板厚_____ mm。

14. 屋面层结构平面图中屋面板最高点的结构标高为_____，最低点的结构标高为_____。

15. 屋面层结构平面图中"▷◁"图例所表示的含义为_____。

16. 屋面层结构平面图中节点 1 的绘图比例为_____，该二次构件内钢筋为_____级钢，钢筋直径为_____ mm，开口箍间距为_____ mm。

（五）识读梁平法施工图（图 3-21、图 3-23、图 3-26 结施-06、结施-08、结施-11）

1. 梁平法施工图系在梁平面布置图上采用_____方式或_____方式表达，本工程为_____方式。

2. 二层梁平法施工图中未注明标高的梁，其梁顶标高为_____。

3. 本工程梁与梁相交处设置附加箍筋，图中未注明的附加箍筋配置为_____，直径和肢数_____，附加吊筋除注明外均为_____。

4. 本工程当梁支座两边上部纵筋只标注一边时，则表示_____。

5. 三层梁平法施工图中，KL11 的跨数为_____跨，上部通长筋为_____，截面尺寸为_____，加密区箍筋配置为_____。

6. 三层梁平法施工图中，KL11 在①～②轴间下部纵筋为_____，①～②轴间梁顶标高为_____。

"N" 表示配置的钢筋为_____，④轴支座处负筋为_____，且该支座处钢筋分_____排布置，各排钢筋分别为_____，⑤～⑥轴间非加密区箍筋配置为_____，⑥～⑦轴间非加密区箍筋配置为_____。

7. 三层梁平法施工图中，KL11 在②～③轴间上部纵筋 "＜4 Φ 22＞" 表示的含义为_____
_____。

8. 四层梁平法施工图中，Ⓑ～Ⓓ轴交①～②轴间的 L4（1）与 L1（1）的跨数标注是否有误？_____
（"是" 或 "否"）。

9. 三层梁平法施工图中，③轴上 KL3 在Ⓐ～Ⓑ轴间 "G" 表示配置的钢筋为_____，与 "N" 钢筋在构造上的主要区别是_____。

10. 本工程地上结构梁钢筋保护层厚度为_____ mm，四层梁平法施工图中④轴上 KL4 在Ⓑ～Ⓓ轴间下部纵筋的最小净距为_____ mm，是否满足规范要求？_____（"是" 或 "否"）。

11. 四层梁平法施工图中 L1 配置的箍筋为_____。

思考：L1 的箍筋为何没有加密区与非加密区？

12. 阁楼层梁平法施工图中，⑦、⑧轴上的梁编成 WKL 而不是 KL 是否有误？_____（"是" 或 "否"）。

13. 屋面层梁平法施工图中 WKL7 梁顶标高是_____。

14. 三层梁平法施工图中，KL11 在①轴支座处负筋从柱边伸入梁内的长度为_____ mm。⑤轴支座处上排负筋从柱边伸入梁内的长度为_____ mm，下排负筋从柱边伸入梁内的长度为_____ mm。

15. 四层梁平法施工图中，KL4 在Ⓑ～Ⓓ轴间下部纵筋伸入Ⓑ轴支座内的长度至少为_____ mm。

16. 四层梁平法施工图中，KL5 在①轴支座位置箍筋加密区长度为_____ mm，加密区第一根箍筋距离柱边的距离为_____ mm。

17. 屋面层梁平法施工图中，L1 下部纵筋伸入②轴支座内的长度至少为_____ mm，最下面一排钢筋伸入④轴支座内的长度至少为_____ mm。

18. 屋面层梁平法施工图中，WKL4 上部纵筋在Ⓑ轴柱内弯锚长度至少为_____ mm。

19. 屋面层梁平法施工图中，WKL4 纵向构造钢筋的间距为_____ mm。是否满足规范要求？____（"是" 或 "否"）。

20. 屋面层梁平法施工图中，WKL7 纵向抗扭钢筋在②轴处伸入支座的长度至少为_____ mm。

（六）识读板配筋图（图 3-24、图 3-27 结施-09、结施-12）

1. 板平面注写主要包括板块_____和板支座_____，图中Ⓑ～Ⓓ轴交③～④轴间板块采用的是_____标注方式。

2. 图中所画板面筋的伸出长度是从_____算起的。

3. 二、三、四层板配筋图中，未画出的板底筋配置为_____，板面的拉通筋设置为_____，图中画出的板面钢筋均为_____。

4. 本工程设置了板面附加负筋的板块板面筋的实际间距为_____ mm。

思考：图中所画附加钢筋在间距上有没有什么要求？

5. 二、三、四层板配筋图中，Ⓐ～Ⓑ轴交①～②轴间板块分布钢筋的设置为_____。

6. 二、三、四层板配筋图中，Ⓑ～Ⓓ轴交③～④轴间板块板面拉通筋配置为_____，板底拉通筋配置

为_____。

7. 二、三、四层板配筋图中，Ⓐ～Ⓑ轴交③～④轴间板块支座负筋锚入Ⓑ轴梁弯锚段的长度应为_____ mm，板底钢筋伸入Ⓑ轴支座的长度至少为_____ mm。

8. 二、三、四层板配筋图中，阴影部分板厚为_____ mm，板面标高为_____。

9. 阁楼层板配筋图中，Ⓑ～Ⓓ轴交③～④轴间板块板底筋配置的含义是_____（说明型号、直径、间距）。

10. 本工程 250mm 空心板大样中，箱体的尺寸为_____，板的箍筋配置为_____，箍筋的设置范围是_____，第一道箍筋距离梁边_____ mm。

（七）识读结构详图（图 3-28～图 3-30 结施-13、结施-14、结施-15）

1. 本工程的详图分为_____详图和_____详图。

2. 本工程楼梯详图共有_____种类型的梯板，分别是_____。

3. 楼梯详图中，TAB1 梯板类型为_____，跨度为_____ mm，高度为_____ mm，楼梯级数为_____，梯板厚度为_____ mm。

4. 楼梯详图中，TAB2 梯板类型为_____，其平直段尺寸为_____ mm，板底配筋为_____，板面配筋为_____，分布筋为_____。

5. 楼梯详图中，TBB1 板面筋锚入低端支座的长度 L_a 是_____ mm，TBB2 板面筋锚入低端支座的长度 L_a 是_____ mm。

6. 楼梯详图中，平台板的厚度为_____ mm，配筋为_____。

7. 本工程共有_____种 TZ，其中 TZ1 的截面尺寸为_____，箍筋为_____，角筋设置为_____。

8. 楼梯详图中，梯梁 TaL1 总共有____根，其截面尺寸为_____，箍筋配置为_____，上部纵筋为_____。

思考：本工程楼梯平面图中 TaL2 及 TbL2 为何与框架柱之间有 50mm 间隙？

9. 节点详图中，节点 3 雨篷板面标高为_____，雨篷板面受力筋配置为_____。

10. 节点详图中，节点 6 中 LZ1 及 LZ2 纵筋在下部梁中的弯锚长度至少为_____ mm。

11. 节点详图中，节点 11 女儿墙受力筋配置为_____，分布筋配置为_____。

图 纸 目 录

序号	图号	图 纸 名 称	规格	备注
01	结施通C01	结构设计总说明	A1	
02	结施-01	基础平面布置图 基础详图	A1	
03	结施-02	底层柱配筋图	A1	
04	结施-03	三层柱配筋图 四层柱配筋图	A1	
05	结施-04	阁楼层柱配筋图 屋面层柱配筋图	A1	
06	结施-05	二层结构平面图	A1	
07	结施-06	二层梁平法施工图	A1	
08	结施-07	三层结构平面图、四层结构平面图	A1	
09	结施-08	三层梁平法施工图、四层梁平法施工图	A1	
10	结施-09	二、三、四层板配筋图	A1	
11	结施-10	阁楼层结构平面图 屋面层结构平面图	A1	
12	结施-11	阁楼层梁平法施工图 屋面层梁平法施工图	A1	
13	结施-12	阁楼层板配筋图 屋面层板配筋图	A1	
14	结施-13	楼梯详图一	A1	
15	结施-14	楼梯详图二	A1	
16	结施-15	节点详图	A1	

×××设计公司	建设单位	×××公司		
	工程名称	1#教学楼		
审核			共 1 页	第 1 页
校对		图 纸 目 录	图别	结施
设计			日期	×××

使 用 图 集 目 录

序号	图集编号	图 集 名 称	备注
01	16G101-1	混凝土结构施工图平面整体表示方法制图规则和构造详图（现浇混凝土框架、剪力墙、梁、板）	
02	16G101-2	混凝土结构施工图平面整体表示方法制图规则和构造详图（现浇混凝土板式楼梯）	
03	16G101-3	混凝土结构施工图平面整体表示方法制图规则和构造详图（独立基础、条形基础、筏形基础、桩基础）	
04	11G329-1	建筑物抗震构造详图（多层和高层钢筋混凝土房屋）	
05	11G329-2	建筑物抗震构造详图（多层砌体房屋和底部框架砌体房屋）	
06	11G329-3	建筑物抗震构造详图（单层工业厂房）	
07	12G614-1	砌体填充墙结构构造	
08	06SG331-1	混凝土异形柱结构构造(一)	
09	16G362	钢筋混凝土结构预埋件	
10	10G409	预应力混凝土管桩	
11	04G361	预制钢筋混凝土方桩	
12	06CG01	蒸压轻质砂加气混凝土(AAC)砌块和板材结构构造	
13	苏G02-2011	建筑物抗震构造	
14	苏J02-2003	地下工程防水做法	
15	苏J04-2002	蒸压轻质加气混凝土（ALC）砌块建筑构造图集	
16	苏G01-2003	建筑结构常用节点图集	

×××设计公司	建设单位	×××公司		
	工程名称	1#教学楼		
审核			共 1 页	第 1 页
校对		使 用 图 集 目 录	图别	结施
设计			日期	×××

图 3-14

结构设计总说明

1 总则

1.1 本工程结构的性质和设计等级见下表

层数	属性		结构设计				基础性质		砌体施工
	高度/m	结构体系	使用年限	安全等级	耐火等级	混凝土结构裂缝控制等级	类别	设计等级	质量控制等级
4 层	17.700	多层建筑 钢筋混凝土框架	50 年	二级	二级	三级	独基	丙级	B 级

1.2 本工程抗震设计的类别和等级见下表

建筑抗震设防类别	抗震设防烈度	基本地震加速度值	设计地震分组	场地类别	抗震等级
重点设防类（乙类）	6 度	0.1g	第一组	三类	三级

1.3 本工程设计主要依据

● 建筑结构可靠度设计统一标准（GB 50068—2001）	建筑桩基技术规范（JGJ 94—2008）
● 建筑工程抗震设防分类标准（GB 50223—2008）	地下工程防水技术规范（GB 50108—2008）
● 建筑结构荷载规范（GB 50009—2012）	● 高层建筑筏形与箱形基础技术规范（JGJ 6—2011）
● 混凝土结构设计规范（GB 50010—2010）	● 住宅工程质量通病控制标准（DGJ 32/J16—2005）
● 建筑抗震设计规范（GB 50011—2010）	钢结构设计规范（GB 50017—2003）
● 建筑地基基础设计规范（GB 50007—2011）	混凝土异形柱结构技术规程（JGJ 149—2006）
	高层建筑混凝土结构技术规程（JGJ 3—2010）

● 本工程已批准的有关初步设计文件。
● 由××××地质工程勘察院提供的地质勘察报告（勘察编号 2016-KW-045）。

1.4 本工程主要设计荷载（标准值，kN/m²）

基本雪压	0.40	走廊、门厅、楼梯（考虑疏散）	2.5（3.5）
基本风压（地面粗糙度 B 类）	0.45	卫生间	6.0
教室	2.5	屋面（不上人）	2.0（0.5）
办公室	2.0		

注：未注明荷载如施工和检修荷载及栏杆水平荷载等均按现行《建筑结构荷载规范》选取。

1.5 标高

1.5.1 本工程的室内设计标高±0.000 相当于黄海标高（H）=10.500。

1.5.2 除注明外，本工程所注标高，前带（H）表示黄海高程绝对标高，其余均为设计标高。

1.5.3 除注明外，本工程中一般楼面结构标高比建筑楼面标高降低 50mm；卫生间、走廊等的结构面标高比一般楼面标高降低的值，在结构平面图中注明；屋面结构标高另行注明。

1.6 本工程图纸中尺寸以毫米（mm）为单位，标高以米（m）为单位。

1.7 建筑结构使用要求

1.7.1 结构的用途见各专业设计文件说明，在设计使用年限内未经技术鉴定或设计许可，不得改变结构的用途和使用环境（如超载使用、结构开洞、改变使用功能、使用环境恶化等）。

1.7.2 结构在设计使用年限内尚应遵守下列规定：
①建立定期检测、维修制度；
②设计中可更换的构件应按规定更换；
③构件表面的防护层，应按规定维护或更换；
④结构出现可见的耐久性缺陷时，应及时进行处理。

1.7.3 既有结构延长使用年限、改变用途、改建、扩建或需要加固、修复等，

均应对其进行评定、验算或重新设计。

2 材料

2.1 混凝土：除注明者外，结构各部分的现浇混凝土强度等级采用如下。

结构部位	标高	墙、柱	梁、板	备注
基础～屋面	基础～屋面		C30	

注：1. 防水混凝土的施工配合比应通过试验确定，试配混凝土的抗渗等级（试验室结果）应比设计要求提高 0.2MPa。
2. 构造柱、芯柱、圈梁及其他各类构件不应低于 C20。

2.2 钢筋：HPB300 级（Φ，$f_y = f_y' = 270\text{N/mm}^2$）；HRB400 级（Φ，$f_y = f_y' = 360\text{N/mm}^2$）。

2.2.1 抗震等级为一、二、三级的框架和支撑构件（含梯段），其纵向受力普通钢筋，根据本地相关规定，应选用钢筋产品标准 GB 1499.2—2007 中带 E 编号的钢筋，需满足下列抗震性能指标：①钢筋的抗拉强度实测值与屈服强度实测值的比值不应小于 1.25；②钢筋的屈服强度实测值与屈服强度标准值的比值不应大于 1.3；③钢筋在最大拉力下的总伸长率实测值不应小于 9%。

遇工程中相同直径、级别的钢筋存在不同性能要求，如现场管理确有困难，经业主、监理确认后可考虑统一按高要求。

2.2.2 在施工中需代换钢筋时，必须经设计人员复核认可，并满足相关规定和构造要求。

2.2.3 本工程选用的图集部分未按新规范更新，图集中原选用的钢筋，HPB235 级应由 HPB300 级代替，HRB335 级应由 HRB400 级代替。

2.3 焊条及焊接要求应符合现行规范及规程有关规定；焊缝长度：双面焊≥5d，单面焊≥10d，焊缝高度≥0.5d。

2.4 吊钩、吊环应采用 HPB300 级钢筋，严禁采用冷加工钢筋。

2.5 预埋件除注明外，均采用 Q235B 钢材。其质量应符合现行相关标准及规范的规定。钢材应具有抗拉强度、伸长率、屈服强度、冷弯试验等钢材机械性能和碳、硫、磷含量等化学成分的合格保证。

其锚筋可采用 HRB400 钢筋或 HPB300 钢筋，具体按设计，严禁采用冷加工钢筋。

2.6 框架填充墙及内隔墙采用如下。

结构部位	砌块	砂浆
±0.000 以下	MU25 水泥实心砖（与土接触处墙体）	M10 水泥砂浆
±0.000 以上	A3.5 蒸压轻质砂加气混凝土（AAC）砌块（外墙）	Mb5.0 混合砂浆
	A3.5 蒸压加气混凝土砌块（内墙）	Mb5.0 混合砂浆
女儿墙	MU15 水泥实心砖	M7.5 混合砂浆

注：住宅项目顶层及阁楼层砌筑砂浆的强度等级为 M（b）7.5。

2.7 根据《××省散装水泥促进条例》（41 号公告）规定，工程建设项目应使用散装水泥、预拌混凝土和预拌砂浆。具体内容及特殊情形见条例规定，并注意办理相关手续。

3 钢筋混凝土结构的一般规定

3.1 本工程所处的环境类别：地上为一类及二 a 类，地下为二 a 类。
环境类别划分及相应最外层钢筋的混凝土保护层最小厚度见 16G101—1 第 56 页。
注：①混凝土强度等级≤C25 时，表中保护层厚度数值应增加 5mm；②最外层钢筋包括箍筋、构造筋、分布筋等；③在构件中应采用不低于相应该构件混凝土强度等级的素混凝土垫块来控制主筋保护层厚度。

3.1.1 基础底板钢筋的混凝土保护层厚度：a. 底部钢筋的混凝土保护层厚度应从垫层顶面算起，且不小于 40mm，有桩时为 50mm。b. 其余位置，当与水或土壤直接接触时为 40mm；底板顶与地下室内部按二 a 类环境取用，外围挑出段及为水池底板等需增大保护层厚度的区域，将局部混凝土顶面另行

加高处理。

3.1.2 当梁、柱、墙中纵向受力钢筋的保护层厚度大于 50mm 时（例如配置粗钢筋、框架顶层端节点弯弧钢筋以外的区域等），宜为保护层采用纤维混凝土或加配抗裂钢筋网片。设置抗裂钢筋网片时，做法见 3.1.4 条。

3.1.3 地下室外墙及水池池壁钢筋的混凝土保护层厚度为 20mm；外侧（临土、水侧）竖向钢筋的混凝土保护层厚度为≥30mm，并在设计截面尺寸的外侧增设 20mm，使得总保护层厚度为 50mm，详见图 3.1.3，且应在外侧设置抗裂钢筋网片。

3.1.4 抗裂钢筋网片做法：除注明外，采用 $\phi^R 4@150$ 钢筋网，保护层厚度 25mm，并对其采取有效的绝缘与定位措施。

3.2 混凝土材料宜符合下表规定

环境类别	最大水胶比	最低强度等级	最大氯离子含量/%	最大碱含量/（kg/m³）
一	0.60	C20	0.30	不限制
二 a	0.55	C25	0.20	3.0（使用非活性骨料可不作限制）
二 b	0.50	C30	0.15	

3.3 混凝土浇筑两周内必须充分保水养护，宜用薄膜养护的方法，地下室及屋面应特别注意采取可靠措施确保养护质量。

3.4 防水混凝土拌合物在运输后如出现离析，必须进行二次搅拌。当坍落度损失后不能满足施工要求时，应加入原水胶比的水泥浆或掺加同品种的减水剂进行搅拌，严禁直接加水。

3.5 受拉钢筋的锚固长度（L_a）及其抗震设计时的锚固长度（L_{aE}）见 16G101-1 第 58 页。

3.6 受拉钢筋的搭接长度（L_l，L_{lE}）及相关要求见 16G101-1 第 60～61 页。
注：（1）梁、柱类构件的纵向受力钢筋搭接区箍筋构造见 16G101-1 第 59 页；
（2）当钢筋采用焊接连接时，应符合现行《钢筋焊接及验收规程》的规定。当钢筋采用机械连接时，接头等级为 A 级，并应符合现行《钢筋机械连接技术规程》等规定。
（3）基础梁、底板钢筋接头宜采用机械连接或搭接，优先采用机械连接。不应采用现场电弧焊焊接接头。
（4）同一构件中相邻纵向受拉钢筋的连接接头须互相错开，对图集补充要求见下表：

连接方式	绑扎搭接	机械连接	焊接	备注
连接区段长度	1.3L_{lE}	35d	35d 且 500	1）d 为纵筋最大直径
同一连接区段内钢筋接头面积百分率	板、墙宜≤5%	宜≤50%	应≤50%	2）轴心受拉及小偏心受拉构件（如拉杆、吊柱、吊板等）不得采用绑扎搭接。
	梁宜≤50%			3）钢筋直径 d≥25 时不宜采用绑扎搭接。
	柱宜≤50%			

3.7 其他构造要求，见 16G101-1 第 61～62 页及相关页号。设计未注明时不得采用并筋形式。

3.8 施工缝的施工，应在混凝土终凝后将其表面浮浆和杂物清除干净，并保持湿润；冬季施工时应采取防冻措施；在浇灌混凝土前，对水平施工缝先铺水泥净浆，再铺 30～50mm 厚的 1:1 水泥砂浆或涂刷混凝土界面处理剂，（对垂直施工缝先铺水泥净浆或涂刷混凝土界面处理剂）并应及时浇灌混凝土。后浇带处同样需此处理。

3.9 地下结构后浇带做法（是否设置根据单体设计要求）
（1）地下结构施工后浇带及沉降后浇带做法按照苏 G02—2011 第 52 页点（3）～（6），且按图 3.9-1A 增加 3mm 厚止水钢板。不同厚度筏板交界处设后浇带时做法见图 3.9-1B 示意，止水钢板遇筏板上弯钢筋时可抬高见图示。

（2）地下室混凝土内墙后浇带做法见图3.9-1C。

（3）其余说明另见苏G02—2011第51页。

3.10 上部结构后浇带做法（是否设置根据单体设计要求）

（1）上部结构施工后浇带及沉降后浇带做法见苏G02—2011第51页。

（2）当为地下室混凝土顶板时，需设钢板止水带，且在板顶防水层上设置两层防水卷材（材料参建施），每侧扩出后浇带400mm宽。

4 地基基础

4.1 根据地质勘察报告，本工程采用天然基础。具体见基础说明。

4.2 基槽开挖时，应使基础下的土层保持原状，避免扰动；若采用机械挖土，应在基底以上留300mm厚土用人工挖除。

4.3 基坑施工过程中，应及时做好基础降水、排水工作。开挖过程中应注意边坡稳定，防止基坑塌陷。

4.4 基础下垫层通常做法（自下而上）：

（1）当基坑内有水或为淤泥时，设100mm厚碎石垫层（经监理确认同意）；

（2）100mm厚（下为淤泥等软弱土层为150mm）C15素混凝土垫层，扩出基础边100mm；

（3）防水层，具体是否设置及做法按建施要求。

4.5 采用天然基础（条基、独立基础、筏板等）时，若基坑开挖至基底设计标高但尚未至老土，应继续向下挖至老土下100mm，超挖深度部分用C15毛石混凝土或素混凝土回填至基础底面。开挖及回填相关要求详见图4.5-1A～1D。当超挖深度大于500mm时，如设计图纸中未有说明或与地勘报告不符时请通知设计单位研究处理。

4.6 施工过程中如发现地质情况与原设计及地勘报告不符或有特殊情况时，请及时通知设计及有关单位，以便共同研究解决。

4.7 基坑开挖后须通知勘察、设计单位有关人员验槽后，方可继续基础施工。

4.8 基础施工完毕后（地下室外防水完成），应及时清除杂物，回填素土分层夯实，素土干重度不小于16.5kN/m³，分层高度一般≤300mm，压实系数不小于0.94，雨季施工时可采取掺灰等措施。土虚松应挖除，重新分层夯实回填。地下室应对称同步地分层夯实回填素土。注意在承台及地下室周围的回填土中，也应满足填筑密实性的要求。

4.9 在半砖隔墙下如无基础梁，则可按图4.9设置基础。

4.10 独立基础边长大于2.5m时，底板钢筋长度取0.9L（L为底板边长），交错排列。

4.11 底板端部构造及地下室外墙（含坡道外墙）施工缝见图4.11。

4.12 除注明外，基础及承台的相关连接、构造要求另见图集16G101-3。

5 混凝土柱和墙

5.1 除注明外，混凝土柱、墙构造均见平法图集16G101-1，异形柱框架另见06SG331-1。以下几条为补充。

5.2 框架柱的纵筋尚应满足下列要求：

（1）当层高小于纵筋分两批搭接所需高度及柱偏心受拉（施工图中注明）时，应改用机械连接或焊接。

（2）纵筋接头最低点宜在楼面柱端箍筋加密区（L_m）以上；当接头位置无法避开时，宜采用机械连接；当纵筋的直径≥25mm时，应采用机械连接或等强对接焊。

（3）除注明外，纵筋应均匀设置，不应并列，其水平净距≥50mm；纵筋不应与箍筋、拉筋及预埋件相焊接。

5.3 剪力墙中的水平分布筋均应在墙中间边缘构件内贯通，伸至墙端部边缘构件的墙身水平钢筋弯折段，做法详见16G101-1第71、72页。

5.4 屋面或上部墙厚、墙长变化时，剪力墙顶部水平通长筋加强为：200mm厚2ϕ14，250mm厚2ϕ16，300mm厚3ϕ16。

5.5 除注明外，剪力墙洞口补强构造见16G101-1第83页。洞口边有柱或边缘构件时，此侧不再重设补强筋。

5.6 除注明外，地下室外墙和顶板的连接做法按16G101-1第82页节点③（顶板作为外墙的弹性嵌固支承）。

6 梁

6.1 除注明外，梁配筋构造均见平法图集16G101-1，异形柱框架另见06SG331-1。以下几条为补充。

6.2 梁的纵筋尚应满足下列要求：

（1）除注明外，梁的纵筋应均匀设置，不应并列；纵筋间距要求见16G101-1第62页。

（2）等高的梁相交时梁纵筋的位置：可参考旧平法图集03G101-1第35页详图布置，主次梁等高时按图6.2-2布置。

（3）当边框架梁必须贴柱边设置时，应使梁的主筋位于柱主筋内侧。见图6.2-3。

6.3 当主次梁相交而在主梁上未注明附加箍筋和吊筋时，应在主梁上设置附加箍筋每侧不少于3个；当两相似梁相交（例如十字形井格梁）时，应同时在两梁上设置附加箍筋每侧不少于3个，且相交处至少有一个方向的梁箍筋通过（优先框架梁）。除注明外，附加箍筋直径及肢数同该梁梁箍。对于图中仅注明有吊筋者，上述附加箍筋仍应照设。

6.4 梁侧面纵向构造筋和拉筋做法见图集16G101-1第90页，并且当梁高≥900mm时，梁高中线以下设侧面纵向筋间距 a 小于梁高的1/6并≤200mm。拉筋的间距为非加密区箍筋间距的两倍，当有多排拉筋时，上下拉筋竖向错开设置。

对于腹板高度 h_w≥450mm的梁，图中侧面纵向构造筋及拉筋未注明时按下表设置：

构造腰筋按梁宽（b）选用表（截面积0.2%bh_w）			拉筋的直径 d 按梁宽（b）选用表	
$b<250$	$250≤b≤400$	$400<b≤550$	$b≤350$	$b>350$
2ϕ10@200	2ϕ12@200	2ϕ14@200	6	8

6.5 梁竖向转折处和水平转折处的钢筋构造见图6.5。

6.6 梁平法施工图中，当梁支座两边上部纵筋只标注一边时，则表示两边上部纵筋相同（悬挑梁相同处理）。

除注明者外，悬挑梁补充构造见图6.6，悬挑端其他配筋构造详见图集16G101-1，悬挑梁支座两边上部纵筋相同，支座内侧上部纵筋断点应同时满足悬挑要求及内侧跨梁钢筋断点要求。

7 板

7.1 现浇板配筋图中，板面负筋长度均从梁或墙内边起。

7.2 板底筋应伸至支承中心处，且锚入支座应≥12d（d为钢筋直径）。板面钢筋锚入混凝土梁或墙内 L_a，HPB235及HPB300钢筋末端加弯钩。板面通长筋需搭接时可在跨中错开搭接，对屋面板的板面通长筋，搭接长度应≥36d，且≥300mm，错开距离宜≥500mm。

7.3 相邻板块板面有高差时，支座负筋分成二段：规格相同。

7.4 当梁、板底部平齐时，板底筋应置在梁底筋之上。板内双向配筋时将短向钢筋（或较粗钢筋）放在外皮。

7.5 各层楼、屋面板在下列各处需加设附加钢筋或加强配筋

（1）在端跨板阳角处加设板面附加筋（图7.5-1）。如设计已按间距100mm

（2）在跨度4200mm的内跨板四周板角处，板面筋需加强（图7.5-1）。

7.6 板上开洞，当其边长≤300mm时，可不作加固，将板钢筋绕过孔洞设置，斜度1/6；当孔洞边长在300～1000mm时，按图7.6板底钢筋要求处理，洞口每侧加强截面积不少于被切断钢筋之半，且上下钢筋为2ϕ12。

7.7 板上有隔墙而板下无梁支承时，需在板底另加钢筋4ϕ14（100mm左右厚隔墙），并锚入支座（梁、柱等）；如隔墙横过支座，则该处支座面筋应加密一倍（在宽度1000mm范围内）。

7.8 坡屋面在板转折处的钢筋构造见图集16G101-1第103页（折板配筋构造）。

7.9 支座负筋分布筋如未注明时，可按下表采用。

受力钢筋直径	Φ8、ϕ8	ϕ10	ϕ12	ϕ14
分布筋	Φ6@200	Φ6@150	Φ8@200	Φ8@150

7.10 除注明外，板构造要求另见图集16G101-1。

8 砌体

8.1 填充墙及内隔墙应后砌，并符合砌体结构的有关施工规定；填充墙及内隔墙与柱或板垂直拉结构造见苏G02—2004第2～23页次。

8.2 对于200mm（100mm）左右厚的墙，当墙净高大于4m（3m）时，应在墙高的中部或门洞顶部设置一道与柱连接且沿墙全长贯通的水平圈梁（图8.2-1），圈梁钢筋应锚入柱30d；当外墙墙长超过4m，内墙墙长超过5m时，应每隔3m增设构造柱、构造柱（见图8.2-2）；混凝土构造柱除在施工图中注明外，尚应在墙体转角、不同厚度墙体交接处、较大洞口（≥2000mm）及100mm左右厚轻质隔墙门框的两侧、悬臂墙端部设置构造柱；混凝土构造柱施工时，应先砌墙后浇柱，构造柱纵筋锚入上下梁内 L_a，注意在其所处的柱面及梁内预留钢筋。

8.3 填充墙应沿框架柱全高设置墙身拉结筋2ϕ6@500～600，伸入墙内的长度：6度标准设防类建筑为不小于墙长的1/4不小于800mm，其余建筑均按沿墙全长贯通；在混凝土构造柱及墙体相互连接处，也应设置上述拉结筋。楼梯间和人流通道（如公共走廊、门厅、过道等）的填充墙，尚应采用钢丝网砂浆面层加强。

8.4 对于外墙填充墙，除沿混凝土柱相应部位设置墙身拉结筋外，在墙面粉刷前，在填充墙与混凝土构件内外周边接缝处，应固定设置镀锌钢筋网片，宽度≤300mm。

8.5 卫生间及地下变配电间四周墙下设置同墙宽，同相应混凝土等级的200mm高素混凝土翻边。具体另按建筑图及相关规定。

8.6 当混凝土柱边的填充墙长度＜300mm时，可改用后浇的混凝土（C20）填充墙（见图8.6）。

8.7 当用砖砌筑屋面女儿墙时，应在女儿墙中设置构造柱，其间距应≤3m，构造柱的纵筋，底部应锚入梁、柱中，顶部应锚入女儿墙压顶中；构造柱的拉结筋做法同一般楼层。

当用钢筋混凝土作屋面女儿墙时，宜每隔12m设置一道伸缩缝，缝宽20mm，缝隙宜用油膏等处理。

8.8 当需设置门、窗顶过梁时，过梁长度为：门窗洞宽 L_n＋500（每边伸入墙内各250mm），其尺寸和配筋按下表（可用C20混凝土现浇或预制）。当门窗洞边无墙体可搁置过梁时，可在相应洞顶位置的柱上预留钢筋，以便焊接。

当过梁紧贴梁或圈梁底时，可与梁或圈梁一起整浇（图8.8.1）。

图 3-15

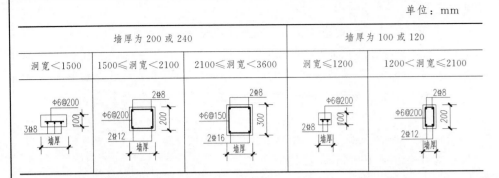

单位：mm

墙厚为 200 或 240			墙厚为 100 或 120	
洞宽<1500	1500≤洞宽<2100	2100≤洞宽<3600	洞宽≤1200	1200<洞宽≤2100

8.9 当结构平面图中表示 ZGLx 时，表示采用带吊柱的通长过梁，做法见苏G01—2003 第 25 页详图 1、2。

8.10 根据江苏省《住宅工程质量通病控制标准》（DGJ32/J16—2005）要求
（1）混凝土小型空心砌块、蒸压加气混凝土砌块墙体，当墙长大于 5m 时，应设置间距不大于 3m 的构造柱；每层墙高的中部应增设腰梁，墙体无约束的端部必须增设构造柱，预留的门窗洞口应采取钢筋混凝土框加强。钢筋混凝土框见 DGJ32/J16—2005 第 78 页。
（2）顶层和底层外墙窗台处应设置通长现浇窗台梁，其他各楼层外墙窗台处均设置通长钢筋混凝土板带。窗台墙长超过 4.0m 时，应增设构造柱（图8.2-2）。

注意：8.10 条为 8.2 条的补充，应优先满足 8.2 的要求。构造柱、腰梁等相关连接构造同 8.2 中构造柱、圈梁。

9 吊筋、埋件及钢构件

9.1 楼面吊顶吊筋除另有说明外，当吊顶荷载≤0.5kN/m² 时均采用Φ8@1000 双向，吊筋锚入板内 250mm。

9.2 除注明外，楼、屋面吊钩做法见苏 G01—2003 第 27 页详图 5。

9.3 角钢型号按热轧等边和不等边角钢品种（GB/T 9787—88）选用，槽钢按（GB/T 706—2016）选用。

9.4 未注明焊缝长度者均为满焊，未注明焊缝高度者，不小于 5mm。

9.5 所有外露铁件均必须认真除锈，焊缝处先除去焊渣，并刷防锈漆二度，面漆二度。

10 其他

10.1 结构施工时必须同建筑及设备工种密切配合与协调，对各工种所要求的预埋件、预留洞等，例如幕墙、电梯、楼梯、栏杆等埋件及卫生间的预留洞、避雷接地做法等，均应按有关工种所提供的图纸预埋预留且核对无误并落实后，方可浇筑混凝土。

10.2 当雨篷梁、外墙挑板梁等上为砌体且梁顶与挑板无高差时，应加设翻口。

10.3 填充墙上的预埋件应先做成混凝土块后砌入墙中，不得挖洞埋板后浇。门窗檀两侧应根据连接要求在相应位置镶砌预制混凝土块。

10.4 除注明外，墙和梁等留孔标高标注说明：①圆孔指中心标高，②矩形孔指洞口下缘标高。

10.5 屋面及雨篷等应设置必要的排水管（孔），施工完毕后必须清扫干净，保持排水畅通。

10.6 悬挑梁、板在施工时，应采取措施（例如设置钢筋支撑等），防止负筋下落。

10.7 施工中拆除模板和支撑的时间，应遵守有关规定；下列构件必须在混凝土强度达到设计强度的如下比例后方可拆除：
对跨度≤8m 的梁、板为 75%，对跨度＞8m 的梁、板和悬挑梁、板为 100%。

10.8 施工时对跨度＞4m 的混凝土梁、板，宜按跨度的大小取跨度的 1/1000～3/1000 起拱。

10.9 在电梯间四周填充墙内，应在层高的中间部位增设一道圈梁，并在门洞处断开，门顶补设；以上具体应根据电梯样本要求定。

10.10 沉降观测相关要求：

● 本工程如无业主或有关部门特别要求，则不需进行沉降观测。

本工程需进行沉降观测。沉降水准测量等级为二等。具体位置见平面图。

沉降观察点设在建筑物的角点、中点及沿周边每隔 15～30m 左右处（另应根据相关规定）。

沉降观测：在施工期间每施工完一层测读一次；主体结构封顶后每隔 2 个月一次；竣工后，第一年每一季度一次，以后每 6 个月一次，直至沉降稳定（连续两次半年沉降量不超过 2mm）为止。

10.11 施工过程中，应严格遵守国家现行的施工及验收规范和质量检验评定标准，并严格做好隐蔽工程的检查与验收记录。冬季施工或在特殊气候及其他条件施工时，应按有关规范、规定及标准执行。

10.12 当施工图中对本说明的要求未注明或未满足时，应按本说明的要求设置，或参见有关设计规范、规程及套用图集，并满足其中有关的技术规定和构造要求；有问题时应及时与设计院联系。

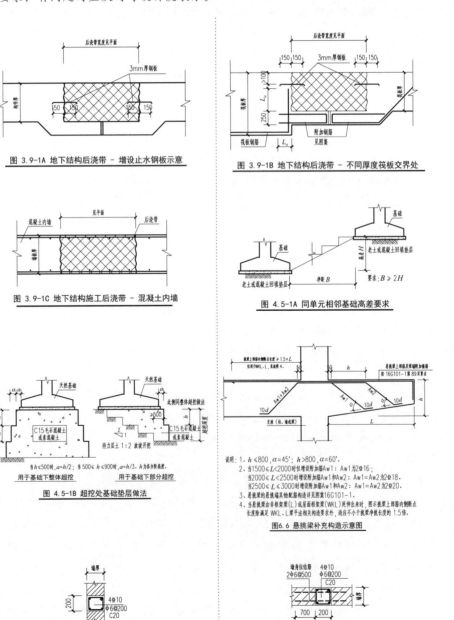

图 3.9-1A 地下结构后浇带—增设止水钢板示意

图 3.9-1B 地下结构后浇带—不同厚度筏板交界处

图 3.9-1C 地下结构施工后浇带—混凝土内墙

图 4.5-1A 同单元相邻基础高差要求

图 4.5-1B 超挖处基础垫层做法

图 6.6 悬挑梁补充构造示意图

图 8.2-1 圈梁

图8.2-2 构造柱

图 3.1.3 地下室外墙保护层厚度示意图

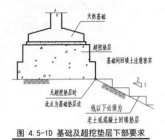

图 4.5-1D 基础及超挖垫层下部要求

图 4.9 半砖隔墙基础

图8.6 小肢填充墙

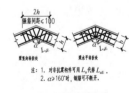

图 6.2-2 主次梁等高时

图 6.5 折梁钢筋构造

图 4.5-1C 条基放坡做法

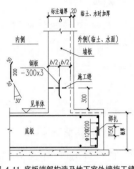

图 4.11 底板端部构造及地下室外墙施工缝

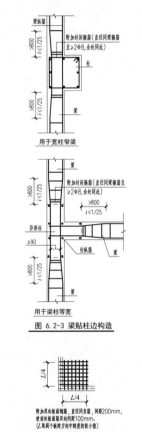

图 6.2-3 梁贴柱边构造

图 7.5-1 板角附加板面钢筋

图7.6 板上开洞

×××设计公司	建设单位	×××公司		
	工程名称	1#教学楼		
审 核		结构设计总说明	图 别	建施
校 对			图 号	通C01
设 计			日 期	×××

图 3-15

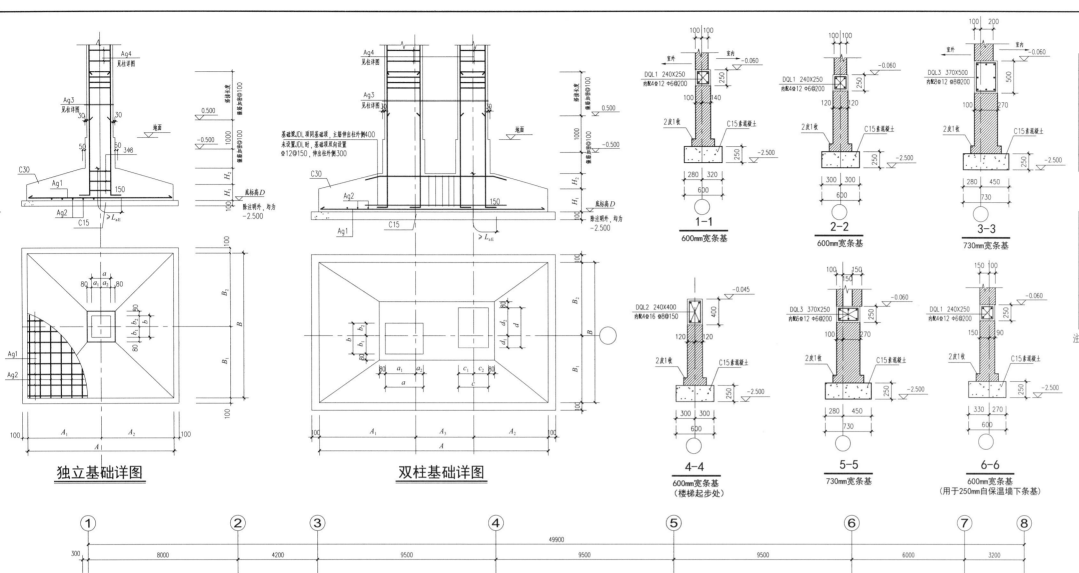

独立基础表

	A=A₁+A₂	B=B₁+B₂	H₁	H₂	Ag1	Ag2	底标高D	备注
J-3	2300	2300	300	200	Φ12@150	Φ12@150		
J-4	2200	2600	300	200	Φ14@200	Φ14@200		
J-6	2700	3400	300	200	Φ14@150	Φ14@200		
J-7	3900	3900	400	350	Φ14@130	Φ14@130		
J-8	3300	3300	350	350	Φ14@150	Φ14@150		
J-9	2800	2800	300	300	Φ14@200	Φ14@200		

双柱基础表

	A=A₁+A₂+A₃	B=B₁+B₂+B₃	H₁	H₂	Ag1	Ag2	底标高D	备注
J-1	7000	4000	500	300	Φ16@100	Φ16@130		
J-2	6300	3400	500	250	Φ16@130	Φ16@150		
J-5	3100	2200	300	150	Φ12@150	Φ12@150		
J-10	4900	3500	300	250	Φ14@180	Φ14@180		
J-11	3600	3000	300	250	Φ14@180	Φ14@180		
J-12	3400	2700	300	150	Φ12@180	Φ12@180		

注：1. 独立基础边长大于2.5m时，底板钢筋长度取0.9L(L为底板边长)，交错排列。基础边缘的第一根钢筋取全长。
2. 除注明外，独立基础详图所注Ag1、Ag2中较大钢筋在下，相同时较长钢筋在下。

独立基础详图

双柱基础详图

1-1 600mm宽条基
2-2 600mm宽条基
3-3 730mm宽条基
4-4 600mm宽条基（楼梯起步处）
5-5 730mm宽条基
6-6 600mm宽条基（用于250自保温墙下条基）

基础平面布置图 1:100

注：1. 本工程的室内设计标高±0.000相当于黄海高程10.500。
2. 地基基础说明：
(1) 根据工程地质勘察报告(编号2016-KW-045)，本工程持力层采用 2 层粉质黏土 fₐₖ=220kPa，基础埋深除注明外均为-2.500。
(2) 基槽开挖时，应使基础下土层保持原状，避免扰动；若采用机械挖土，应在基底以上留300 厚土用人工挖除。
(3) 基坑施工过程中，应及时做好基坑降水、排水工作。开挖过程中应注意边坡稳定，防止基坑塌陷。
(4) 若基坑开挖至基底设计标高但尚未至老土时，独立基础应按1：2放阶继续向下挖至老土下100mm；超挖深度部分用C15素混凝土或毛石混凝土回填至基础底面；超挖处基础垫层做法见基础详图，图中回填垫层厚度不大于500mm时回填垫层宽度每边比基础扩出200mm。超挖部位及浅挖部位过度台阶做法包括条基放坡做法见总说明4.5。
3. 基础混凝土强度等级为C30。
4. 配合楼梯图纸施工，配合空调板详图施工。
5. 施工过程中如发现地质情况与原设计不符或超挖深度大于500mm时，请及时通知设计及有关单位，以便共同研究解决。
6. 未注明的条基参考1-1、2-2(600宽条基)详图，1-1条基适用于200宽外墙、2-2条基适用于200宽内墙，未注明条基定位参考建筑图。

| ×××设计公司 | 建设单位 | ×××公司 |
| 工程名称 | 1#教学楼 |

审核		基础平面布置图 基础详图	图别	结施
校对			图号	01
设计			日期	×××

图 3-16

037

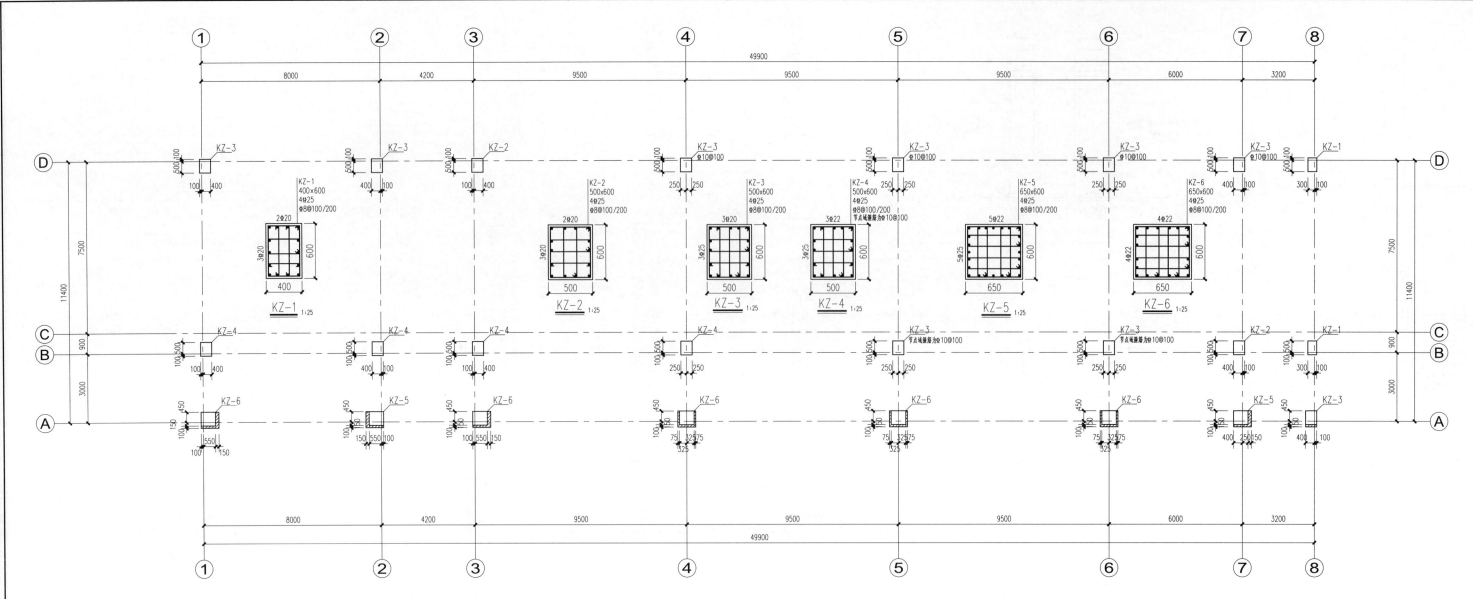

底层柱配筋图 1:100

注： 1. 除注明外柱标高从基础顶～4.150。
2. 柱编号仅用于本图，以上各层同。
3. 混凝土强度等级：C30，以上各层同。
4. 未注明柱抗震等级均为三级，以上各层同。
5. 图中柱外包做法见框架柱外包详图。

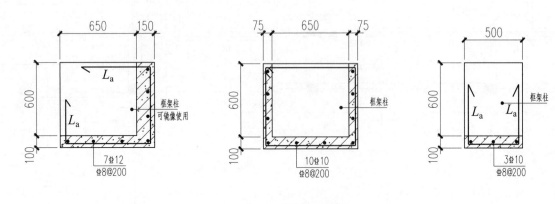

框架柱外包详图 1:25

×××设计公司	建 设 单 位	×××公司		
	工 程 名 称	1#教学楼		
审 核		底层柱配筋图	图 别	结施
校 对			图 号	02
设 计			日 期	××

图 3-17

038

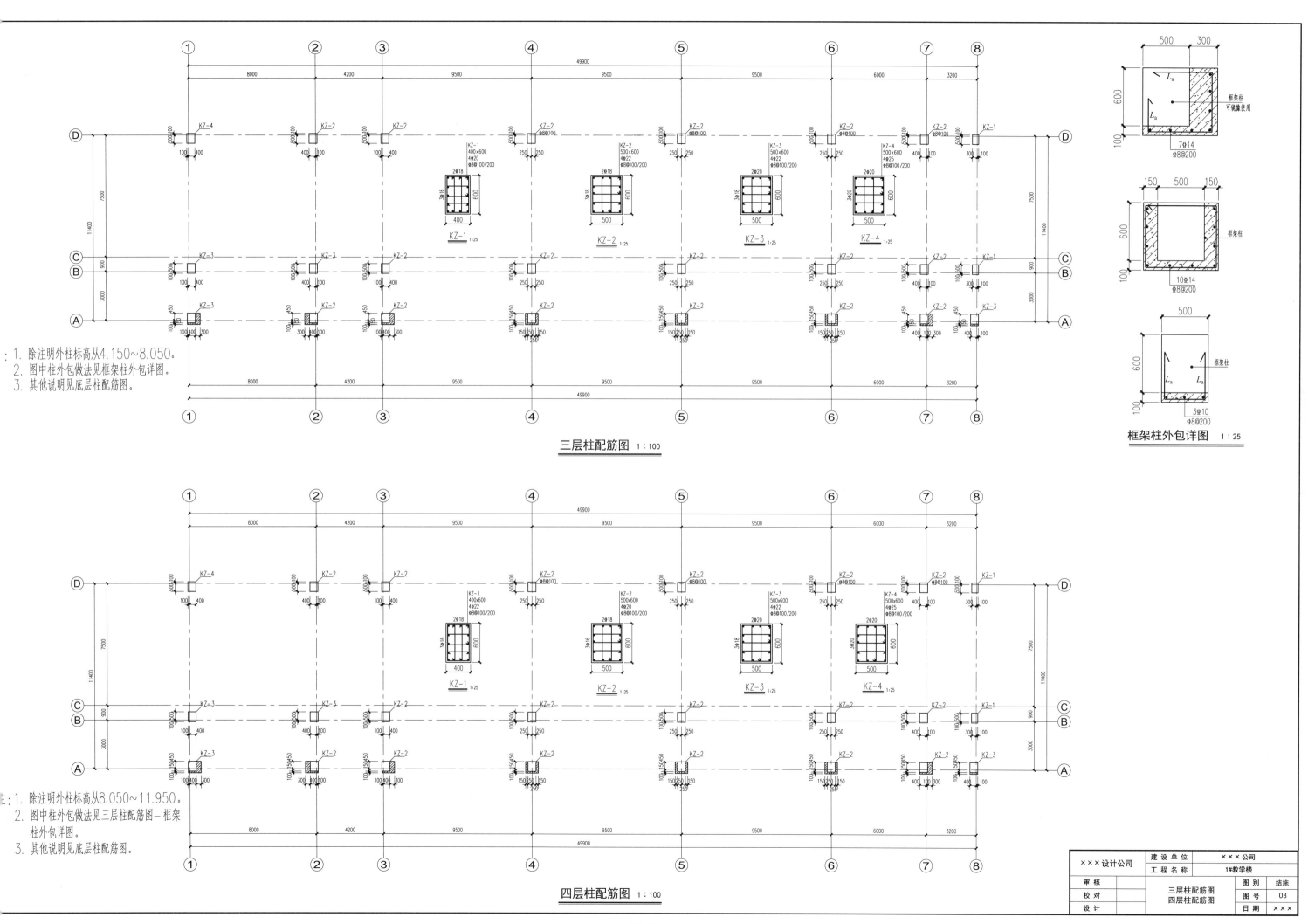

三层柱配筋图 1:100

框架柱外包详图 1:25

注：1. 除注明外柱标高从4.150～8.050。
2. 图中柱外包做法见框架柱外包详图。
3. 其他说明见底层柱配筋图。

四层柱配筋图 1:100

注：1. 除注明外柱标高从8.050～11.950。
2. 图中柱外包做法见三层柱配筋图—框架柱外包详图。
3. 其他说明见底层柱配筋图。

×××设计公司	建 设 单 位	×××公司		
	工 程 名 称	1#教学楼		
审 核		三层柱配筋图 四层柱配筋图	图 别	结施
校 对			图 号	03
设 计			日 期	×××

图 3-18

039

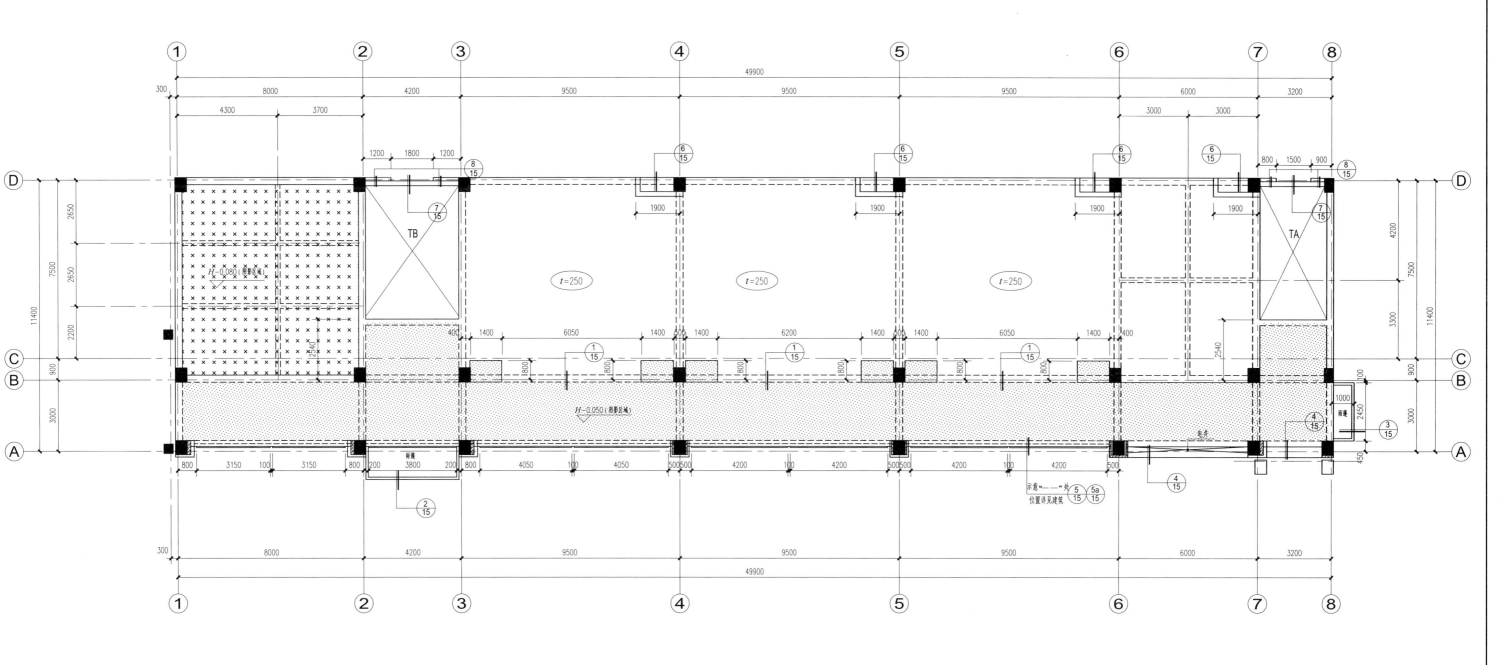

二层结构平面图　　1：100　　4.150

说明：1. 本层结构标高 H = 4.150m。
　　　2. 除注明外，梁为轴线居中或贴柱边。
　　　3. 未注明板厚均为 t = 120mm。
　　　4. 构造柱除注明外均按照总说明设置。
　　　5. 楼梯立柱平面位置及配筋详见楼梯详图。
　　　6. 图中所注管道井内孔洞板钢筋预留，待管道安装完毕后封闭。
　　　7. 混凝土强度等级：梁板均为 C30。

×××设计公司	建设单位	×××公司		
	工程名称	1#教学楼		
审核		二层结构平面图	图别	结施
校对			图号	05
设计			日期	×××

图 3-20

041

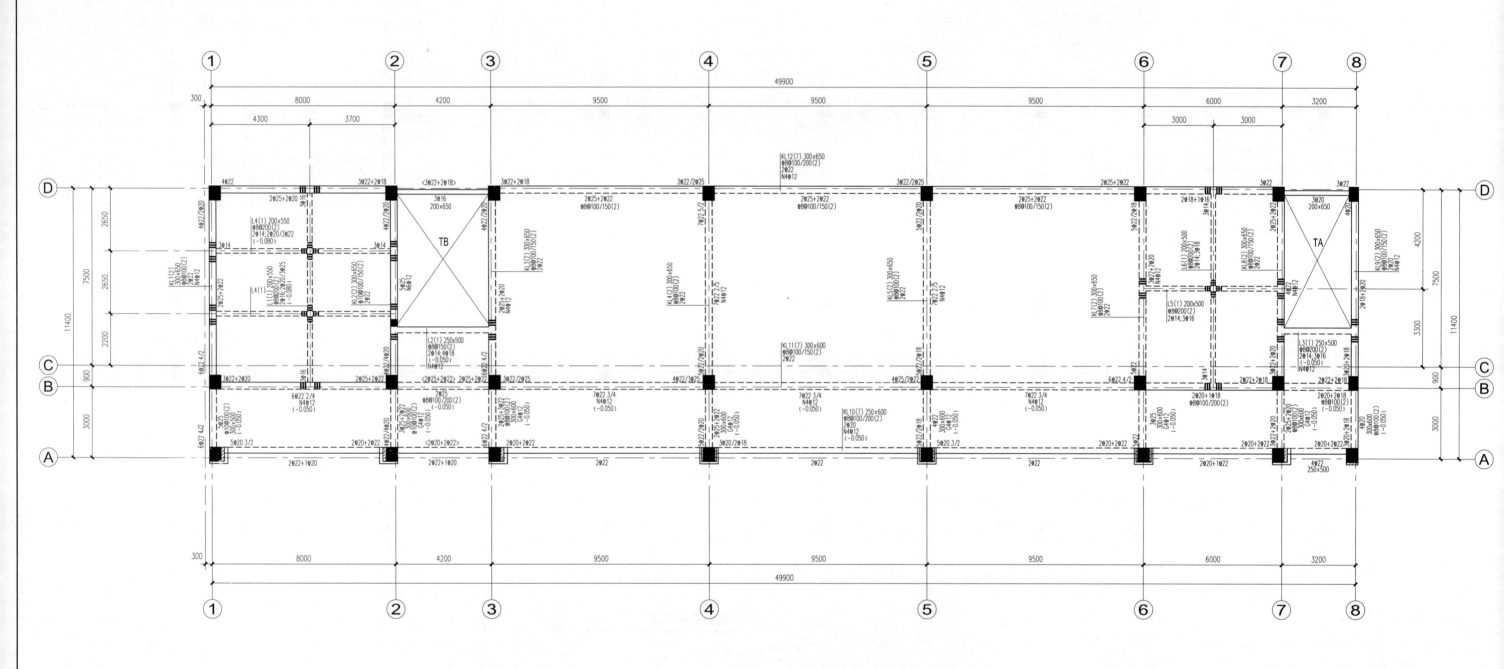

二层梁平法施工图　　1:100

注: 1. 未注明梁标高及定位见结构平面图。
　　2. 梁与次梁相交处及上设立柱处均设置附加筋。附加箍筋除注明外均为两侧各3根间距50mm。
　　　　附加箍筋直径和肢数同梁箍筋。附加吊筋除注明外均为2φ12。
　　3. 当梁支座两边上部纵筋只标注一边时，则表示两边上部纵筋相同（悬挑梁相同处理）。
　　4. 梁中原位标注<n φ ab>的，表示此跨内梁顶钢筋n φ ab通长设置。

×××设计公司	建 设 单 位	×××公司	
	工 程 名 称	1#教学楼	
审 核		图 别	
校 对	二层梁平法施工图	图 号	
设 计		日 期	×

图 3-21

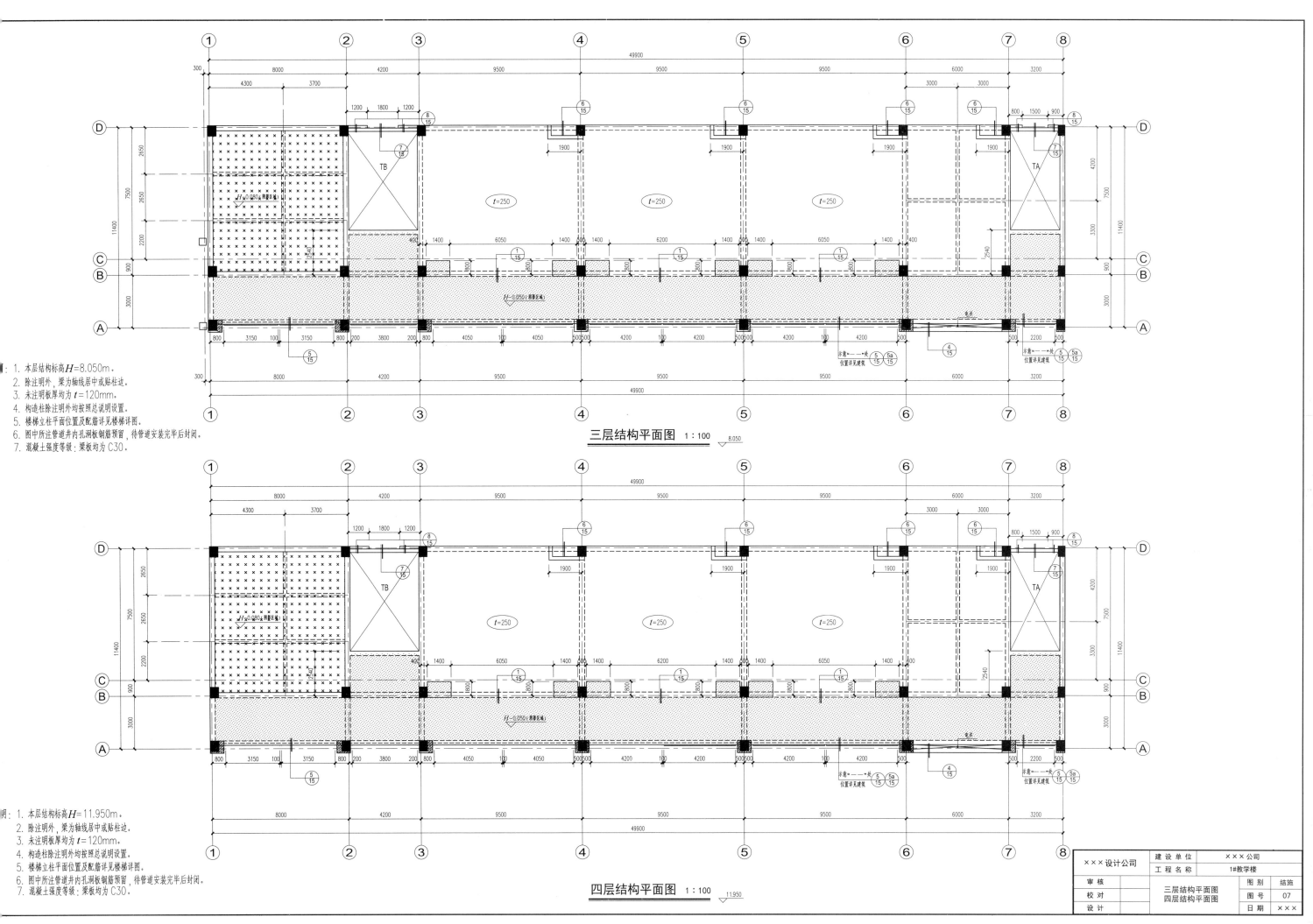

三层结构平面图 1:100 ▽8.050

说明：1. 本层结构标高H=8.050m。
2. 除注明外，梁为轴线居中或贴柱边。
3. 未注明板厚均为t=120mm。
4. 构造柱除注明外均按照总说明设置。
5. 楼梯立柱平面位置及配筋详见楼梯详图。
6. 图中所注管道井内孔洞板钢筋预留，待管道安装完毕后封闭。
7. 混凝土强度等级：梁板均为C30。

四层结构平面图 1:100 ▽11.950

说明：1. 本层结构标高H=11.950m。
2. 除注明外，梁为轴线居中或贴柱边。
3. 未注明板厚均为t=120mm。
4. 构造柱除注明外均按照总说明设置。
5. 楼梯立柱平面位置及配筋详见楼梯详图。
6. 图中所注管道井内孔洞板钢筋预留，待管道安装完毕后封闭。
7. 混凝土强度等级：梁板均为C30。

×××设计公司	建设单位	×××公司		
	工程名称	1#教学楼		
审核		三层结构平面图 四层结构平面图	图别	结施
校对			图号	07
设计			日期	×××

图 3-22

043

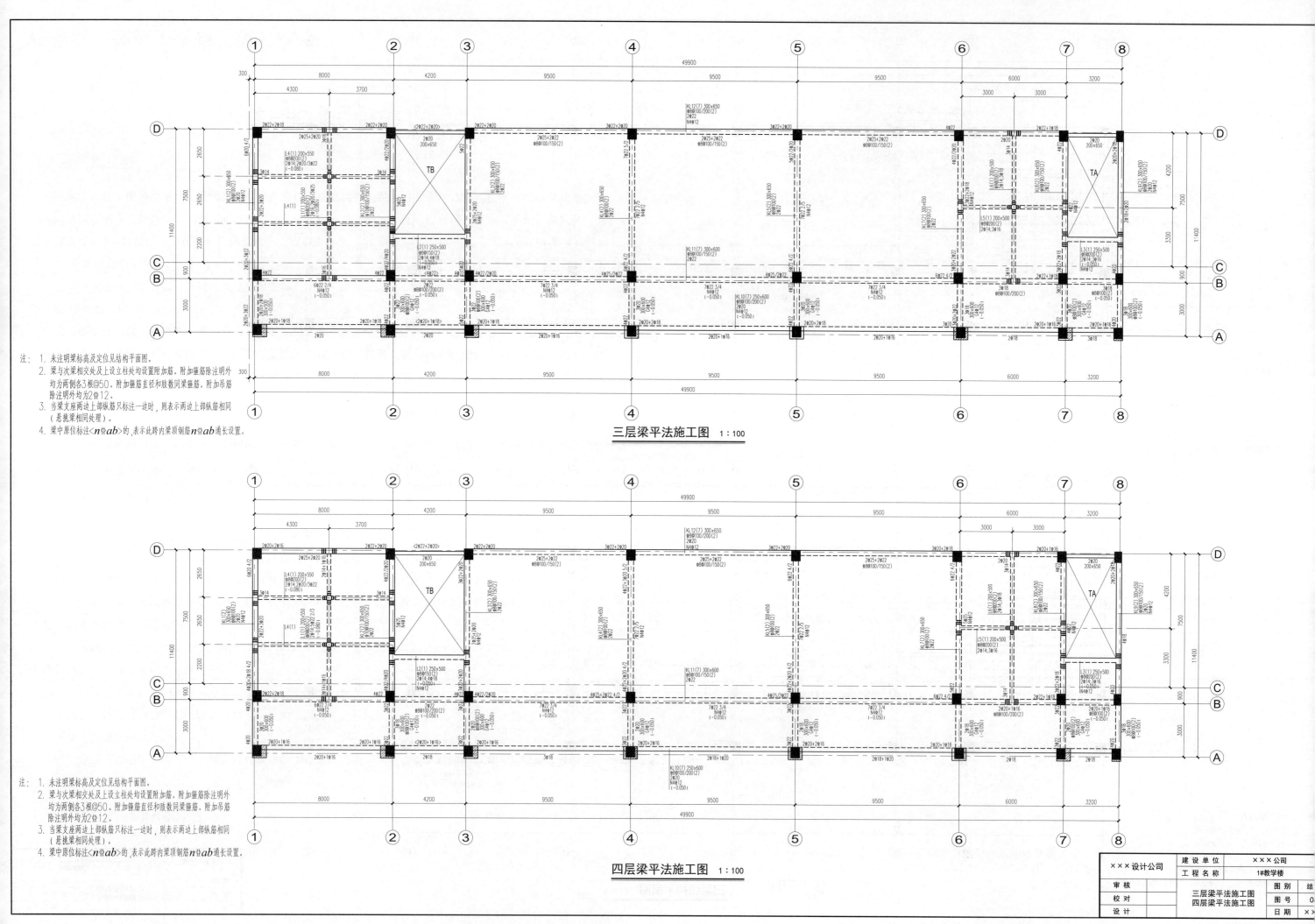

注: 1. 未注明梁标高及定位见结构平面图。
2. 梁与次梁相交处及上设立柱处均设置附加筋。附加箍筋除注明外均为两侧各3根@50。附加箍筋直径和肢数同梁箍筋，附加吊筋除注明外均为2⌀12。
3. 当梁支座两边上部纵筋只标注一边时，则表示两边上部纵筋相同（悬挑梁相同处理）。
4. 梁中原位标注<n⌀ab>的，表示此跨内梁顶钢筋n⌀ab通长设置。

三层梁平法施工图 1：100

注: 1. 未注明梁标高及定位见结构平面图。
2. 梁与次梁相交处及上设立柱处均设置附加筋。附加箍筋除注明外均为两侧各3根@50。附加箍筋直径和肢数同梁箍筋，附加吊筋除注明外均为2⌀12。
3. 当梁支座两边上部纵筋只标注一边时，则表示两边上部纵筋相同（悬挑梁相同处理）。
4. 梁中原位标注<n⌀ab>的，表示此跨内梁顶钢筋n⌀ab通长设置。

四层梁平法施工图 1：100

×××设计公司	建 设 单 位	×××公司		
	工 程 名 称	1#教学楼		
审 核		三层梁平法施工图	图 别	结
校 对		四层梁平法施工图	图 号	0
设 计			日 期	××

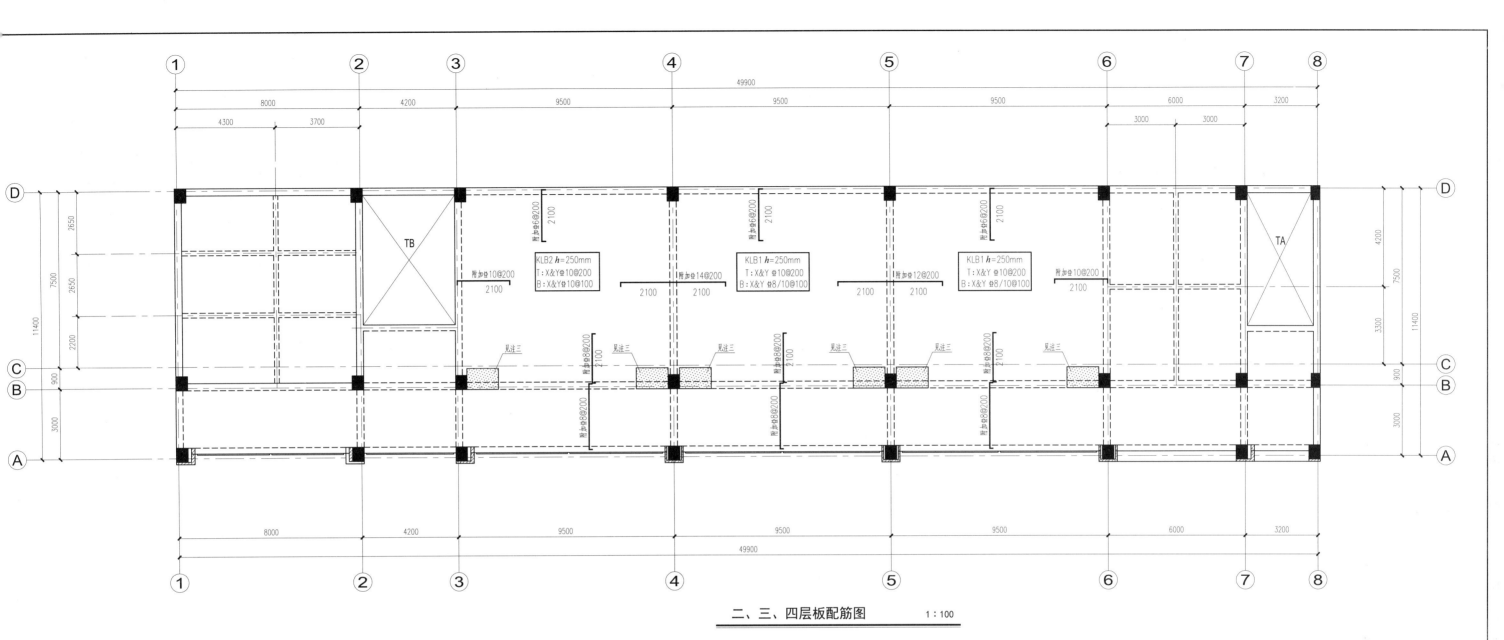

二、三、四层板配筋图　　1:100

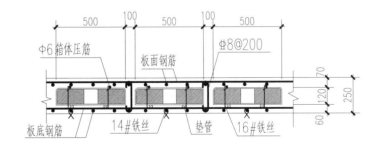

250mm空心板大样（一）

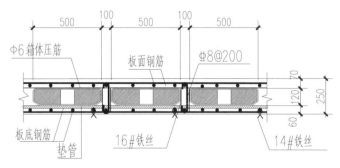

250mm空心板大样（二）

注：16#铁丝，绑在压筋和底板最底层钢筋上；
14#铁丝，穿出底模绑扎支撑钢管；
箱体尺寸：500mm×500mm×120mm；
箍筋范围为距离梁边2500mm内，第一道箍筋距梁边50mm。

楼板配筋说明：

1. 图中120mm板厚：未画出的板底钢筋为Φ8@200双向，板面先设置Φ8@200双向拉通，图中所画板面钢筋均为增设附加负筋。

2. 分布钢筋按总说明7.9。支座钢筋需锚入边梁 L_a。

3. 图中阴影部分为200mm厚实心板，板面标高为 $H-0.050$。配筋同250mm空心板，见16G101-1第109页局部升降板构造。

BDF现浇混凝土空心无梁楼板设计施工说明：

1. 本工程空心板采用BDF无机阻燃型复合箱作为填充体；填充体阻燃性能应符合《建筑材料及制品燃烧性能分级》(GB 8624—2012)中的B1级要求。箱体容重应大于30kg/m³。

2. BDF无机阻燃型复合箱产品性能应符合《BDF无机阻燃型复合箱体》相关要求。

3. BDF无机阻燃型复合箱应具有国家发明专利及实用新型专利。

4. BDF无机阻燃型轻质复合箱体距明梁、柱及剪力墙边距离宜大于等于100mm。应采取切实有效的措施固定体，防止其移动或上浮。

5. 混凝土坍落度不宜小于160mm，振动时应采用直径为35mm的振动棒。

6. 遇以下情况之一不能保证箱体上下实心厚度时，可用较小规格的箱体替代：①暗梁边缘；②管线无法采取措施避开箱体。

7. 施工前厂家须提供详细的箱体布置图，并经设计人员认可，方可施工。

8. 本工程采用平法标注，具体表示方法参见图集16G101-1和05SG343。其他未尽事宜参照《现浇混凝土空心楼盖技术规程》(JGJ/T 268—2012)及其他相关国家规范执行。

×××设计公司	建 设 单 位	×××公司		
	工 程 名 称	1#教学楼		
审 核			图 别	结施
校 对	二、三、四层板配筋图		图 号	09
设 计			日 期	×××

图 3-24

045

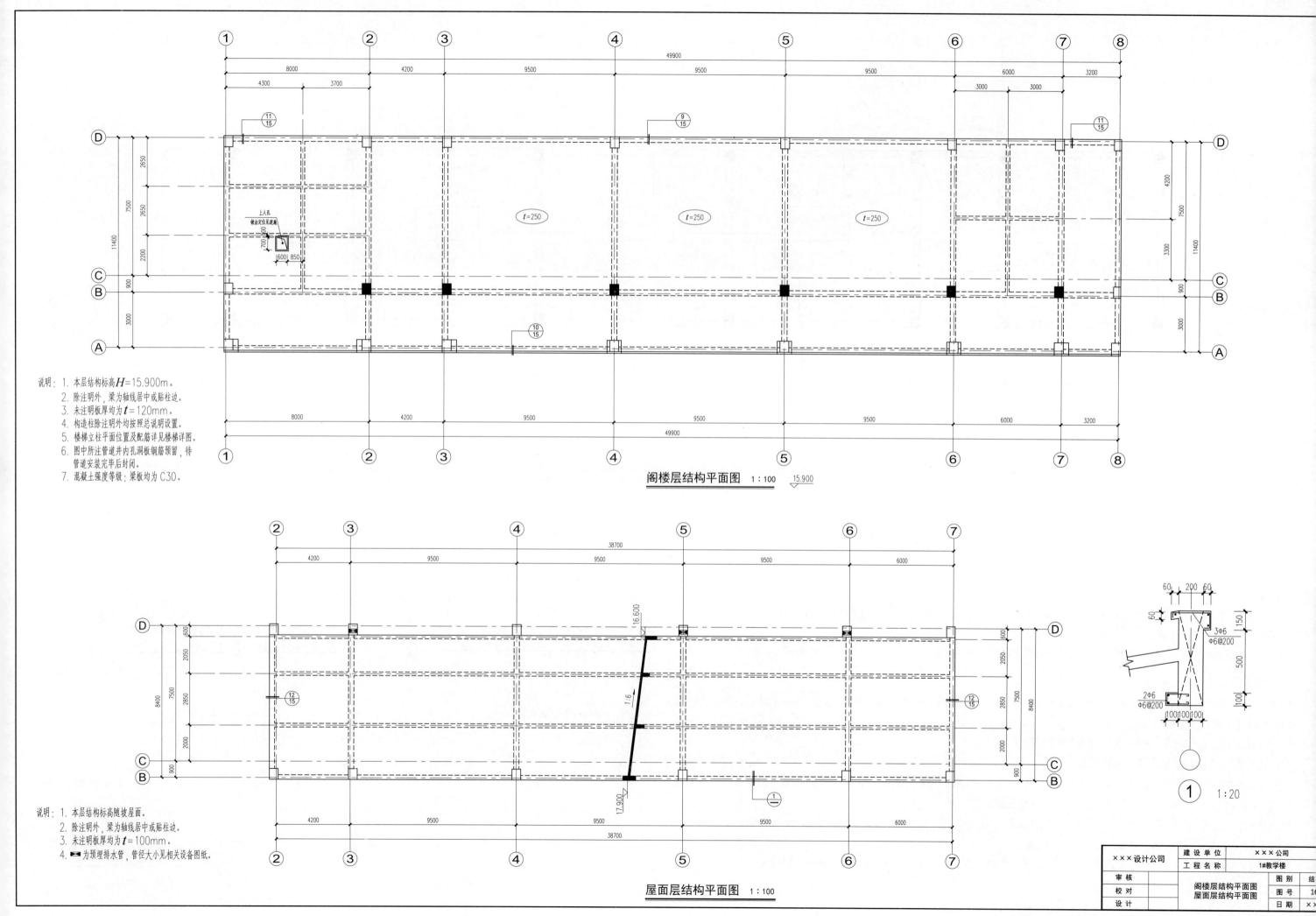

阁楼层结构平面图 1:100 15.900

说明：1. 本层结构标高H=15.900m。
2. 除注明外，梁为轴线居中或贴柱边。
3. 未注明板厚均为t=120mm。
4. 构造柱除注明外均按照总说明设置。
5. 楼梯立柱平面位置及配筋详见楼梯详图。
6. 图中所注管道井内孔洞板钢筋预留，待管道安装完毕后封闭。
7. 混凝土强度等级：梁板均为C30。

t=250

屋面层结构平面图 1:100

说明：1. 本层结构标高随坡屋面。
2. 除注明外，梁为轴线居中或贴柱边。
3. 未注明板厚均为t=100mm。
4. ▬为预埋排水管，管径大小见相关设备图纸。

1 1:20

×××设计公司	建设单位	×××公司		
	工程名称	1#教学楼		
审核		阁楼层结构平面图	图别	结
校对		屋面层结构平面图	图号	1
设计			日期	××

图 3-25

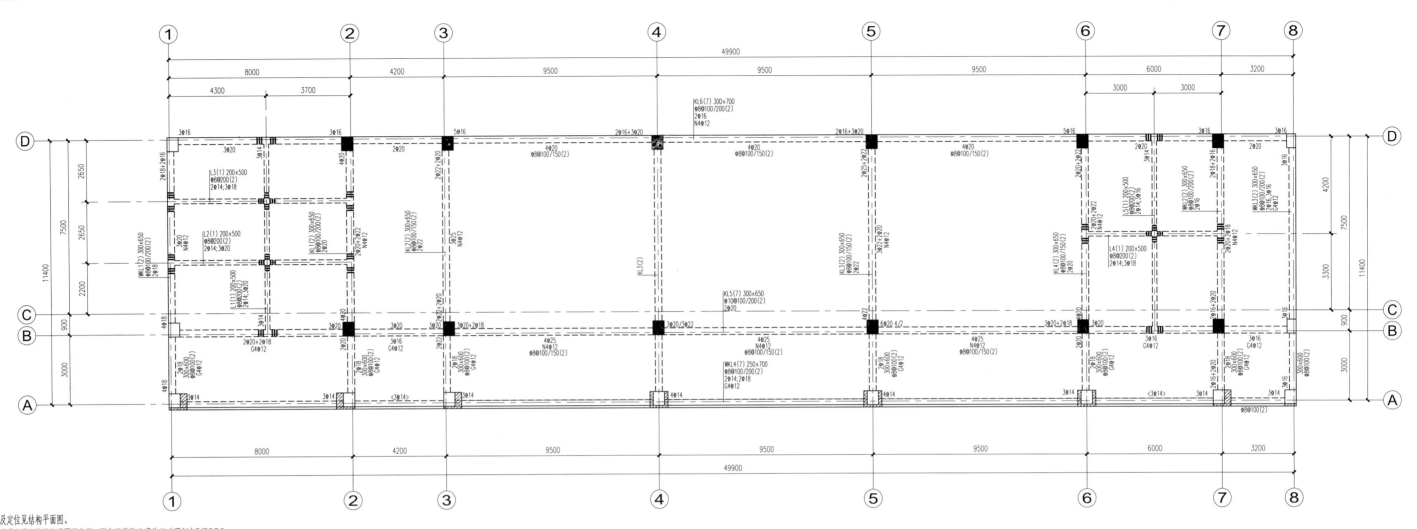

阁楼层梁平法施工图 1:100

1. 未注明梁标高及定位见结构平面图。
2. 梁与次梁相交处及上设立柱处均设置附加筋。附加箍筋除注明外均为两侧各3根@50。
   附加箍筋直径和肢数同梁箍筋。附加吊筋除注明外均为2±12。
3. 当梁支座两边上部纵筋只标注一边时，则表示两边上部纵筋相同（悬挑梁相同处理）。
4. 梁中原位标注<n±ab>的，表示此跨内梁顶钢筋n±ab 通长设置。

屋面层梁平法施工图 1:100

1. 未注明梁标高及定位见结构平面图。
2. 梁与次梁相交处及上设立柱处均设置附加筋。附加箍筋除注明外均为两侧各3根@50。
   附加箍筋直径和肢数同梁箍筋。附加吊筋除注明外均为2±12。
3. 当梁支座两边上部纵筋只标注一边时，则表示两边上部纵筋相同（悬挑梁相同处理）。
4. 梁中原位标注<n±ab>的，表示此跨内梁顶钢筋n±ab 通长设置。

×××设计公司	建 设 单 位	×××公司	
	工 程 名 称	1#教学楼	
审 核		图 别	结施
校 对	阁楼层梁平法施工图 屋面层梁平法施工图	图 号	11
设 计		日 期	×××

图 3-26

047

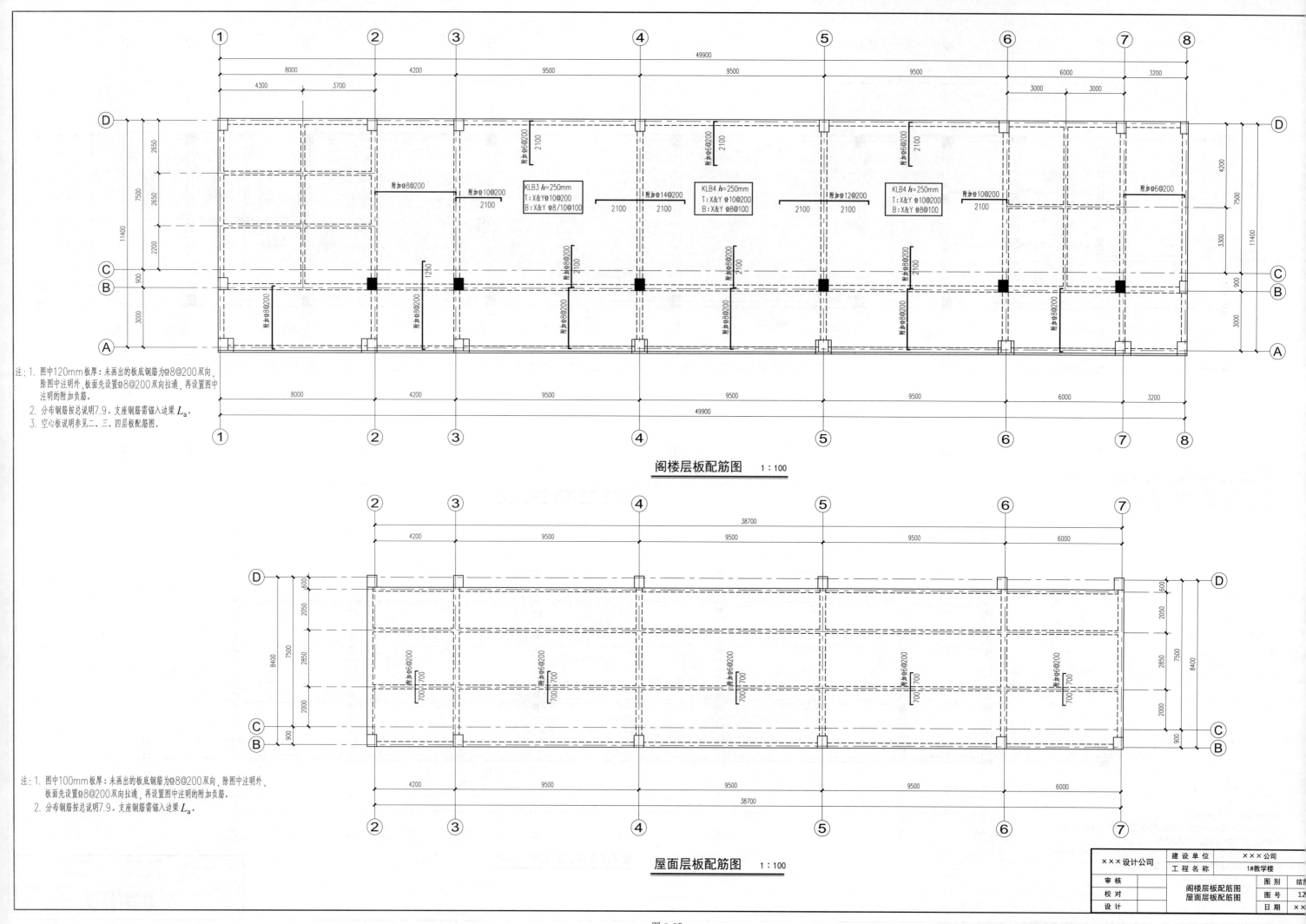

阁楼层板配筋图 1:100

注：1. 图中120mm板厚：未画出的板底钢筋为Φ8@200双向，除图中注明外，板面先设置Φ8@200双向拉通，再设置图中注明的附加负筋。
2. 分布钢筋按总说明7.9。支座钢筋需锚入边梁 L_a。
3. 空心板说明参见二、三、四层板配筋图。

屋面层板配筋图 1:100

注：1. 图中100mm板厚：未画出的板底钢筋为Φ8@200双向，除图中注明外，板面先设置Φ8@200双向拉通，再设置图中注明的附加负筋。
2. 分布钢筋按总说明7.9。支座钢筋需锚入边梁 L_a。

图 3-27

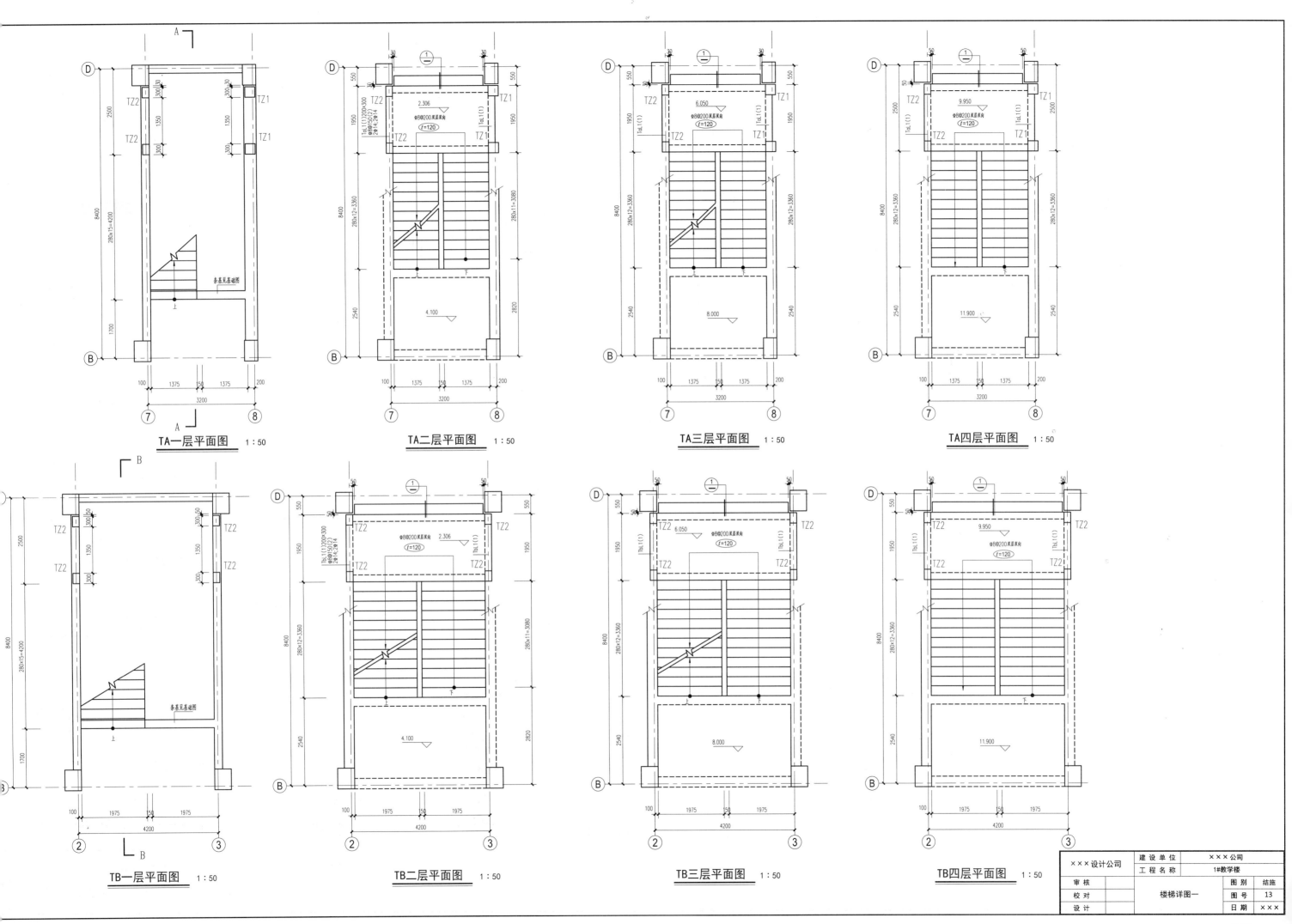

TA一层平面图 1:50

TA二层平面图 1:50

TA三层平面图 1:50

TA四层平面图 1:50

TB一层平面图 1:50

TB二层平面图 1:50

TB三层平面图 1:50

TB四层平面图 1:50

×××设计公司	建设单位	×××公司		
	工程名称	1#教学楼		
审核		楼梯详图一	图别	结施
校对			图号	13
设计			日期	×××

图 3-28

049

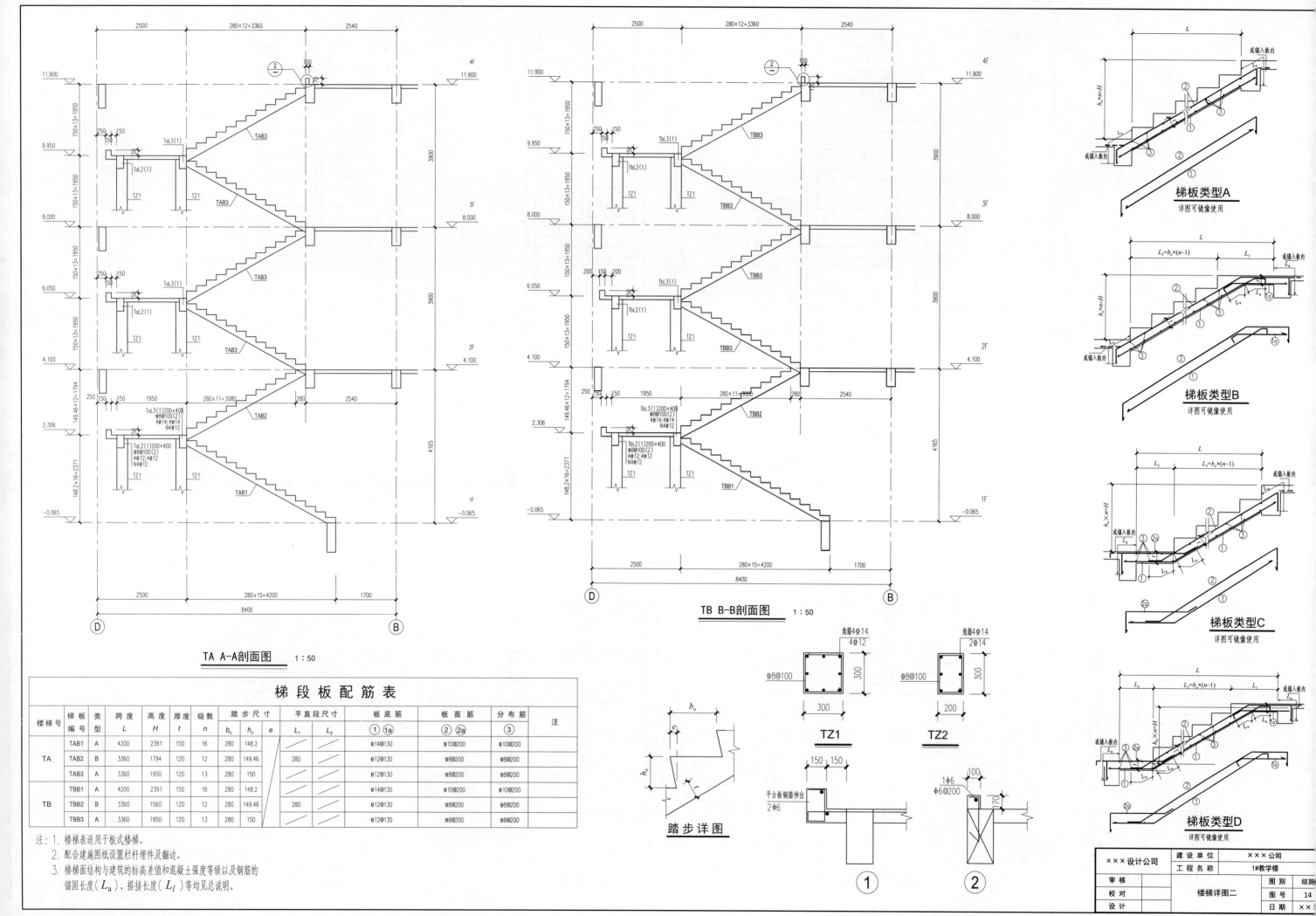

TA A-A剖面图 1:50

TB B-B剖面图 1:50

梯板类型A
详图可镜像使用

梯板类型B
详图可镜像使用

梯板类型C
详图可镜像使用

梯板类型D
详图可镜像使用

踏步详图

TZ1 TZ2

① ②

梯 段 板 配 筋 表

楼梯号	梯板编号	类型	跨度 L	高度 H	厚度 t	级数 n	踏步尺寸 b_0	踏步尺寸 h_0	踏步尺寸 e	平直段尺寸 L_1	平直段尺寸 L_2	板底筋 ①①a	板面筋 ②②a	分布筋 ③	注
TA	TAB1	A	4200	2391	150	16	280	148.2				Φ14@130	Φ10@200	Φ10@200	
	TAB2	B	3360	1794	120	12	280	149.46		280		Φ12@130	Φ8@200	Φ8@200	
	TAB3	A	3360	1950	120	13	280	150				Φ12@130	Φ8@200	Φ8@200	
TB	TBB1	A	4200	2391	150	16	280	148.2				Φ14@130	Φ10@200	Φ10@200	
	TBB2	B	3360	1560	120	12	280	149.46		280		Φ12@130	Φ8@200	Φ8@200	
	TBB3	A	3360	1950	120	13	280	150				Φ12@130	Φ8@200	Φ8@200	

注: 1. 楼梯表适用于板式楼梯。
　　2. 配合建施图纸设置栏杆埋件及翻边。
　　3. 楼梯面结构与建筑的标高差值和混凝土强度等级以及钢筋的锚固长度(L_a)、搭接长度(L_l)等均见总说明。

×××设计公司　建设单位 ×××公司
工程名称 1#教学楼
审核　　　　图别 结施
校对　　楼梯详图二　图号 14
设计　　　　日期 ×××

图 3-29

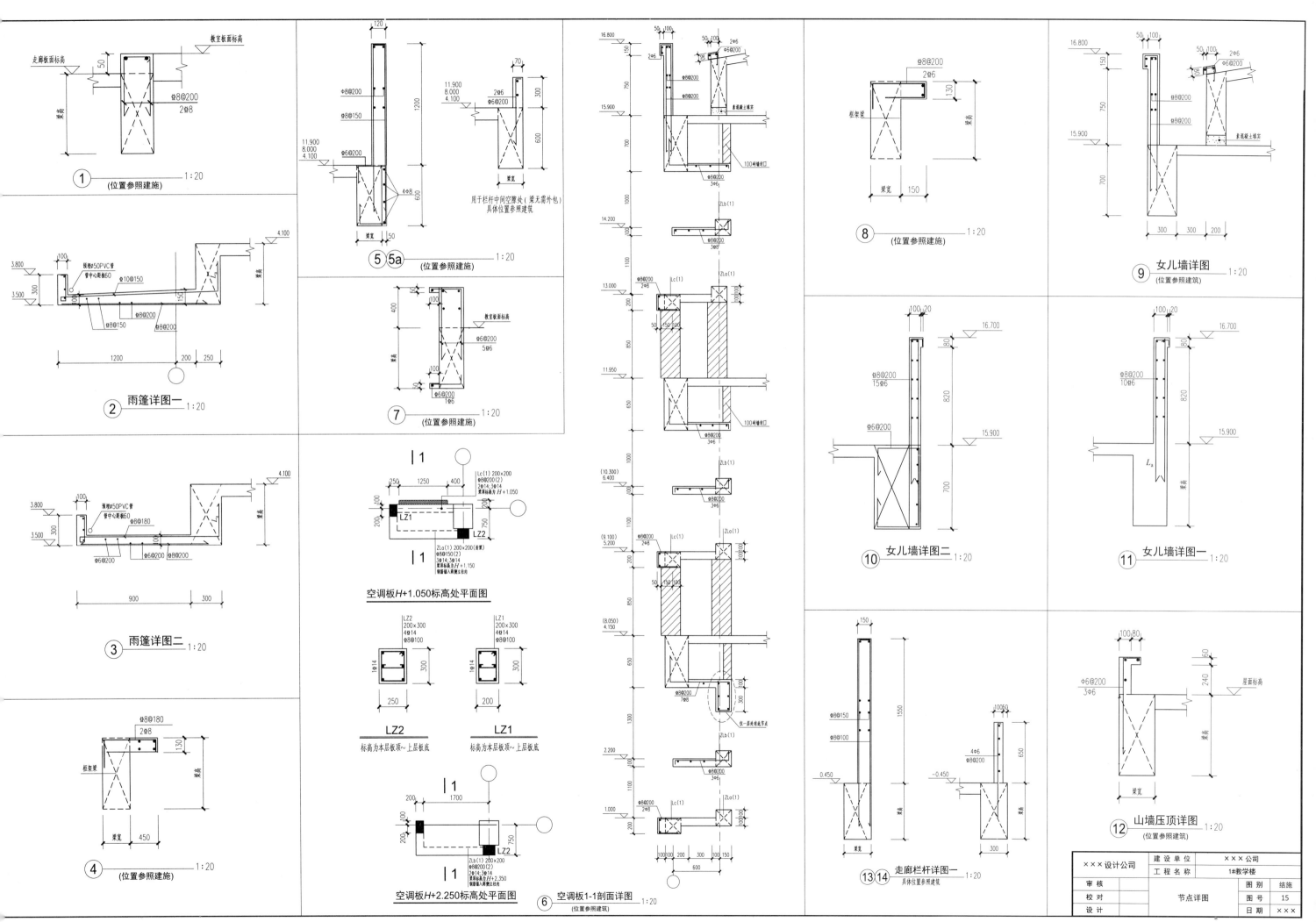

图 3-30

任务四 建筑工程施工图的抄绘

建筑工程施工图抄绘任务书

一、目的和任务

建筑工程施工图抄绘是一门建筑类专业必修的基本技能训练课程，通过实际训练，使学生可以将理论知识与实践技能相结合，提高学生工程实际能力，为后续结构施工图绘制、建筑构造课内设计及绘制、建筑构造综合设计、建筑 CAD 绘图等专业技能训练奠定一定的基础。

1. 图纸抄绘训练性质

它是一项研究用投影法，借助尺规等绘图工具，用手工绘制建筑施工图方法的基本技能训练。

2. 图纸抄绘目的

通过抄绘建筑施工图训练，可以提高学生的绘图能力，增强学生对建筑结构的感性认识。对建筑制图课程的有关知识进行全面的复习和综合运用，培养学生的工程意识，贯彻、执行国家标准的意识。为后续的专业课程技能训练打下良好的基础。学生通过本技能的训练，能够正确完成建筑施工图纸的绘制，学会独立思考、沟通协调及综合应用分析能力。

3. 图纸抄绘训练任务

培养学生空间思维能力，学会绘制和阅读一般的建筑施工图样。培养学生认真细致、严谨负责、团结合作的工作作风，激发学生学习兴趣。

二、实践训练的基本要求

根据课程的特点，建筑工程施工图抄绘，是以教师引导分析为主，绘图技能教学活动必须根据学生的学习特点组织安排，辅导教学也必须结合学生掌握的进度和情况进行。其基本要求如下。

（1）认真研究建筑施工图抄绘任务书，在教学过程中，注意培养学生的自学能力和严谨细致的工作作风。

（2）绘图训练是实践性较强的学习过程，在实践训练过程中借助工程实际图纸同使用教材互相补充，强化学生对课本知识的学习和理解。

（3）实践训练中应注重学生的制图、识图训练，适时做好面授辅导，巩固所学理论知识，注重理论与专业实践相结合，培养学生空间思维能力。

（4）建筑施工图抄绘训练的重点是施工图的识读与绘制，在施工图识读及绘制的过程中，会涉及建筑构造的基本内容，该部分内容实践性较强并具有一定的地域特点，可组织学生进行适量的建筑参观，或运用实物录像的教学手段增强感性知识。

（5）建筑工程施工图绘制是一项实践性较强的专业基本技能，学生必须在教师的指导下完成规定数量的绘图作业。

三、训练任务（见各技能训练任务）

四、考核方式

学生通过辅导或自学完成一定数量的抄绘作业（约合 A0 图纸不小于 2.5 张）。

每个任务按 100 分进行执行，建筑工程施工图技能训练在整个"建筑制图"的课程教学成绩评定中所占比例不小于 25%（视具体情况共同确定）。

成果评价见学生成果评价表（表 3-1）。

表 3-1 学生成果评价表

班级：　　　　　　　　　　姓名：　　　　　　　　　　日期：

小组名称	评价要求		评价方式		
组别： 组长： 组员：	评价内容	分值	自评	互评	师评
	图名、比例正确				
	布局合理、图形美观				
	图形正确				
	尺寸标注规范准确				
	绘制图形符合规范要求				
	合　计				
意见反馈					

五、学时分配

见表 3-2。

表 3-2 图纸抄绘学时分配表（参考）

序号	实践内容	辅导课时	建议完成课时（业余）	成果评析	备注
1	图线练习（前导训练）	1	4	1	具体自定
2	建筑平面图抄绘训练	3	21	2	具体自定
3	建筑立面图抄绘训练	2	7	1	具体自定
4	建筑剖面图、楼梯、节点详图抄绘训练	3	15	1	具体自定
5	楼层结构平面图抄绘训练	3	3	1	具体自定
	合　计	12	50	6	

附：图纸抄绘实践技能训练任务。

技能训练一　图线练习（前导训练）

一、训练目的

（1）熟悉制图基本规格。

（2）练习正确使用绘图工具和仪器，了解制图基本步骤和方法。

二、训练内容

常用图线、箭头及尺寸练习。如图 3-31、图 3-32 所示。

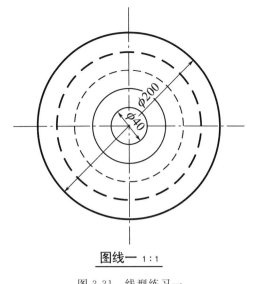

图线一 1:1

图 3-31 线型练习一

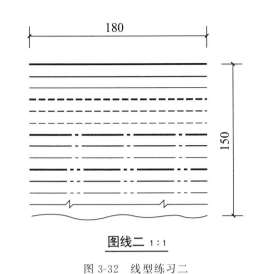

图线二 1:1

图 3-32 线型练习二

三、训练要求

(1) 图纸：A2 号图幅。

(2) 图名：图线练习。

(3) 比例：1:1。

(4) 图线：铅笔图线图。

(5) 字体：汉字用长仿宋字体。图名用 10 号字；尺寸数字均用 5 号字。

(6) 作图准确，图线粗细分明，交接正确，尺寸标注无误，字体端正整洁。

(7) 文字、数字书写规范，字体工整，图面标注完整、规范、清晰。

四、成果评价

(1) 自评：学生根据所绘图纸，自行对照评分。

(2) 互评：确定小组，每组之间进行互评，并分析汇报。

(3) 师评：教师收集后统一进行评分。

五、说明

(1) 抄绘图样前复习图幅、图线的有关规定及常用绘图工具的使用方法。

(2) 画底稿要认真，按图样中给出的尺寸，确定好各图形位置，不必标出尺寸。先用 2H 或 H 铅笔（轻、淡、细）绘底稿图线（箭头处只画线，材料图例只画框格）。然后按图线要求进行图样加深，最后注写数值、名称。

技能训练二　建筑平面图抄绘训练

一、训练目的

(1) 熟悉建筑平面图的内容和要求。

(2) 通过抄绘平面图掌握绘制建筑平面图的基本步骤和绘制方法。

(3) 通过绘图掌握建筑平面图的基本组成及读图方法。

(4) 通过绘图了解首层平面图、标准层平面图、屋顶平面图特有的表达内容及不同构件的表达方法。

(5) 学会线型的正确使用。

二、训练内容

按本书提供的某教学楼建筑施工图，抄绘一层平面图、标准层平面图、屋顶平面图。

三、训练要求

(1) 图纸：A2 号图幅。图标格式和大小由任课教师给定。

(2) 图名：按绘制图纸名称确定。

(3) 比例：1:100。

(4) 图线：铅笔图线图。

(5) 字体：汉字用长仿宋字体。

(6) 布图美观，作图准确，图线粗细分明，尺寸标注规范无误，字体端正整洁。

(7) 绘图比例、轴线标注正确，图例表达规范，尺寸标注明确。

(8) 文字、数字书写规范，字体工整，图面标注完整、规范、清晰。

四、进度及要求

本技能训练暂定 26 学时，用 A2 号图纸完成，具体课时分配见表 3-3。

表 3-3　平面图抄绘课时分配表

任务	一层平面图	标准层平面图	屋顶平面图	辅导、评析
课时	8.5	7.5	5	5
合计	26			

五、实施步骤

(1) 定轴线：根据图纸先定横向和纵向的最外两道轴线，再根据开间和进深尺寸确定各轴线所在的位置。

(2) 画墙身厚度，定门窗洞口位置。

(3) 画楼梯、阳台、散水、明沟等细部。

(4) 注写尺寸标注、索引符号及文字说明等。

(5) 认真检查无误后，整理图面，按要求加深加粗图线。

(6) 书写数字、代号编码、图名、比例等文字。

六、成果评价

(1) 自评：学生根据所绘图纸，自行对照评分。

(2) 互评：确定小组，每组之间进行互评，并分析汇报。

(3) 师评：教师收集后统一进行评分。

七、说明

(1) 平面图中线型要求：凡剖到的墙身用粗实线表示，看到的轮廓线、构配件轮廓线、门窗洞口、窗台采用中实线，窗扇及其他细部等均采用细实线表示。

（2）假想剖切面的位置大约在高出本层地面约1.2m高处，能够剖切到一般普通门窗、楼梯第一跑等，剖切不到高窗的位置。

（3）在一层平面图中应注意散水和入口处的台阶等表示方法，一般采用细实线绘制，在二层平面图中，一般需要表示出雨篷的形状和位置。

技能训练三　建筑立面图抄绘训练

一、训练目的

（1）熟悉建筑立面图的图示内容和表达方法。

（2）理解立面图的形成过程和主要用途。

（3）掌握建筑立面图中不同线型的正确使用。

（4）通过抄绘立面图正确掌握绘制建筑立面图的步骤和方法。

（5）强化学生对立面图的识读理解能力，提高学生绘制建筑立面图的基本技能。

二、训练内容

按本书提供的某教学楼建筑施工图，抄绘正立面或北立面图。

三、训练要求

（1）图纸：A2号图幅。图标格式和大小由任课教师给定。

（2）图名：入口立面图或背立面图。

（3）比例：1∶100。

（4）图线：铅笔图线图。立面图最外轮廓线宽度，室外地平线宽度，凸出的墙面、雨篷、台阶、花台、阳台等轮廓线宽度，门窗分格线、墙面引出线、水斗及雨水管、定位轴线（点划线）、尺寸线、标高符号、说明引出线等宽度根据制图标准自定。建议图纸中所绘粗实线不要超过1.4mm。

（5）字体：汉字用长仿宋字体。

（6）作图准确，图线粗细分明，尺寸标注无误，字体端正整洁。

（7）绘图比例、轴线标注正确，图例表达规范，尺寸标注明确。

（8）文字、数字书写规范，字体工整，图面标注完整、规范、清晰。

四、实施步骤

（1）画地坪线，根据平面图形绘制定位轴线和墙线。

（2）根据层高等高度尺寸画各层楼面线、檐口、女儿墙轮廓及屋面线等横线。

（3）画房屋细部，如阳台、门窗洞口等。

（4）注写尺寸标注、索引符号及文字说明等。

（5）认真检查无误后，整理图面，按要求加深加粗图线。

（6）书写数字、代号编码、图名、比例、文字等。

五、成果评价

（1）自评：学生根据所绘图纸，自行对照评分。

（2）互评：确定小组，每组之间进行互评，并分析汇报。

（3）师评：教师收集后统一进行评分。

六、说明

（1）绘制过程注意。先用2H铅笔（轻、淡、细）绘底稿图线，然后按图线要求加粗图线，最后注写标高数值、名称和说明。

（2）1∶100的建筑立面图中，门窗均按规定图例表示。门窗框的双线间的距离为50mm，切忌画得过宽，以免与实际比例不符。

（3）外墙轮廓线应根据建筑平面图上的轴线尺寸和外墙厚度确定。

（4）室外地坪线应根据室内地坪线和室内外高差确定；女儿墙顶线应根据屋面标高和女儿墙高度确定。

（5）建筑立面图外轮廓线一般采用粗实线，室外地坪线采用特粗线绘制，内部其他内容采用细实线绘制。

技能训练四　建筑剖面图与楼梯详图抄绘训练

一、训练目的

（1）熟悉建筑剖面图和楼梯详图的内容和要求。

（2）熟悉建筑剖面图和楼梯详图的关系。

（3）通过抄绘作业掌握绘制建筑剖面图和楼梯详图的步骤和方法。

二、训练内容

按本书提供的某教学楼建筑施工图，抄绘1-1剖面图和楼梯详图。

三、训练要求

（1）图纸：A2号图幅。图标格式和大小由任课教师给定。

（2）图名：1-1剖面图和楼梯详图。

（3）比例：剖面图比例为1∶100；楼梯平面、剖面详图比例为1∶50。

（4）图线：剖面图中的材料图例与图中的线型应与平面图保持一致。

（5）字体：汉字用长仿宋字体。

（6）作图准确，图线粗细分明，尺寸标注无误，字体端正整洁。

四、进度及要求

本技能训练暂定19学时，用A2号图纸完成，具体课时分配见表3-4。

表3-4　图形抄绘课时分配表

任务	建筑剖面图	楼梯详图	辅导、评析
课时	4	11	4
合计	19		

五、实施步骤

（一）建筑剖面图实施步骤

（1）绘制剖面图之前，根据平面图中的剖切位置线和剖切编号，分析将要绘制的剖面图哪部分是被剖切到的、哪部分是看到的，做到心中有数，思路清晰。

（2）先定所绘剖面图最外面两道定位轴线、室外地坪线、楼面线和顶棚线的位置。根据室内外高差定出室外地坪线。

（3）定中间轴线、墙体厚度、地面和楼板厚度，画出天棚、屋面坡度和厚度。

（4）定门窗、楼梯位置，画出门窗、楼梯、阳台、檐口、台阶、栏杆扶手、梁板等细部构造，并填充墙柱材料图例符号。

（5）画未剖切到、但可见的构配件的轮廓线及相应的图例，如柱、阳台、雨篷、门窗、楼梯、栏杆扶手等。

（6）认真检查无误后，整理图面，按要求加深加粗图线。

（7）画尺寸线、标高符号并注写尺寸和文字、图名、比例等文字，完成全图。

（8）复核绘制内容。

（二）楼梯详图实施步骤

1. 楼梯平面图的画法

（1）确定绘图比例，画出楼梯间的定位轴线和墙身线，定出平台的深度、梯段的长度及梯井和梯段的宽度。

（2）画楼梯平面细部，如门窗、踏步线、剖断线、箭头、标高符号等。

（3）按规定填充墙柱材料图例符号。

（4）标注文字、尺寸、轴线编号及标高。

（5）检查无误后，擦去多余线条，按要求加深图样。

（6）书写图名及比例。

2. 楼梯剖面图的画法

（1）确定绘图比例（同楼梯平面图），画出楼梯间的定位轴线和室内外地坪线、各层楼面、平台的位置线。

（2）确定墙身的厚度、平台的厚度，用等距的方法，画出楼梯踏步所在的位置线。

（3）画细部，如门窗、梁、栏杆扶手、翻口等。

（4）按规定填充墙梁材料图例符号。

（5）标注文字、尺寸、轴线编号及标高。

（6）检查无误后，擦去多余线条，按要求加深图样。

（7）书写图名及比例。

六、注意事项

（1）在1∶100的建筑剖面图中，室内首层地坪只画双粗实线。抹灰层及材料图例的画法与建筑平面图的规定相同。

（2）剖面图中线型要求：被剖到的主要及承重构件采用粗实线，看到的门窗洞口、建筑构配件采用中实线，窗扇及其他细部采用细实线。

技能训练五　楼层结构平面图抄绘训练

一、训练目的

（1）熟悉楼层结构平面图的内容和要求。

（2）通过抄绘作业掌握绘制楼层结构平面图的步骤和方法。

二、训练内容

按本书提供的某教学楼建筑施工图，抄绘标准层结构平面图。

三、训练要求

（1）图纸：A2号图幅。图标格式和大小由任课教师给定。

（2）图名：标准层结构平面图。

（3）比例：剖面图为1∶100。

（4）图线：铅笔图线图。建议图纸中所绘粗实线不要超过1.4mm。

（5）字体：汉字用长仿宋字体。

（6）作图准确，图线粗细分明，尺寸标注无误，字体端正整洁。

四、说明

（1）绘制步骤，先绘制墙体平面布置图，然后画楼板及梁的布置图。先用H铅笔（轻、细）绘底稿图线，然后按图线要求加黑，最后注写尺寸、名称和说明。

（2）在1∶100的楼层结构平面图中，配置在板下的圈梁、过梁等混凝土构件轮廓线可用细虚线表示，也可用单线（或粗虚线）表示，并应在构件旁侧标注其编号和代号。

建筑工程施工图抄绘指导书

一、教学安排

建筑工程施工图抄绘阶段，共1个月（含课内外），其中课内讲解、评析共计18课时，业余训练50课时，共计68课时。

1. 理论讲解阶段（12课时）

（1）学习建筑施工图的基本构成（2课时）。

（2）学习建筑施工图图示表达内容及建筑图例表达（3课时）。

（3）学习不同建筑图纸特有的表达内容及表达方法（3课时）。

（4）讲解具体任务要求，作业完成质量、要求及抄绘图形注意基本事项（2课时）。

（5）讲解线型的正确运用及抄绘步骤（2课时）。

2. 学生抄绘阶段（业余50课时＋评析6课时）

抄绘内容如下。

（1）图线练习（前导训练）（4课时＋1课时）

（2）建筑平面图：一层、标准层、顶层平面图（21课时＋2课时）。

（3）建筑立面图：入口立面图（7课时＋1课时）。

（4）建筑剖面图、建筑详图（楼梯构造详图）（15课时＋3课时）。

（5）楼层结构平面图（3课时＋3课时）。

二、实训目的

通过建筑工程施工图的抄绘训练，让学生进一步理解《房屋建筑制图统一标准》相关内容，明确建筑平面图、立面图、剖面图、建筑详图的形成原理，掌握各种不同种类工程图纸的图示内容与识图方法，掌握建筑工程施工图正确的绘制方法与步骤，在此基础上能简单利用国家制图标准和相关规范，正确识读建筑平面图、建筑立面图、建筑剖面图以及楼梯构造详图，为后续课程的学习奠定基础。

三、工具材料

图纸（按任务书要求）、绘图铅笔、丁字尺、三角板、圆规、小刀、橡皮、擦图片、图板、毛刷等。

四、抄绘方法及步骤

绘图要求如下。

（1）研读任务书，确定绘图的内容与数量。

（2）准备绘图工具及材料（按任务书的要求，结合绘图任务及要求）。

（3）选择合适的比例和图幅，画图框格式，如图幅线、图框线、标题栏、会签栏等，其中图幅线采用细实线，图框线采用粗实线，标题栏外框采用中实线，标题栏分格线及会签栏采用细实线。

（4）布图：布图合理，图形尽量居中并且符合制图规律。

（5）绘图。

① 打底线：采用 H 或 2H 铅笔（轻、淡、细、准）绘出图样。一般按照平面、立面、剖面、详图、目录和门窗统计表的顺序进行。

② 加深图样：底线检查无误后，进行图样加深，一般采用 HB 或 B 号铅笔，加深图样要平滑均匀，同一线型粗细、浓淡均匀一致。

③ 标注尺寸（数字大小一致）。

④ 注写文字并检查正确。

注：不同种类图形具体绘图步骤见任务书。

五、成果要求

（1）用指定的比例抄绘完成一层平面图、标准层平面图、屋顶平面图、建筑入口立面图、剖面图及楼梯详图。

（2）实训成果统一上交，集中保留。

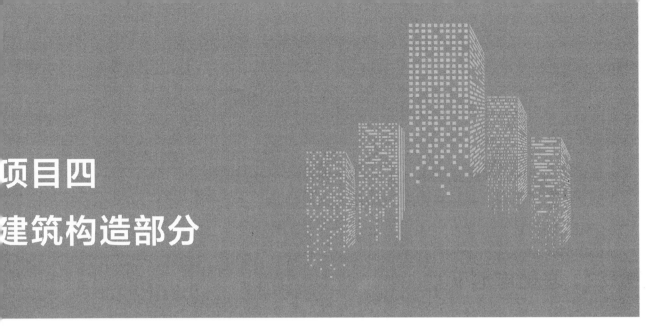

项目四

建筑构造部分

知识目标

- 熟悉地基与基础的基本概念
- 熟悉基础、地下室的基本组成及构造要求
- 了解墙体的作用及分类，掌握墙体的细部构造
- 了解楼层、地坪基本构造组成，掌握钢筋混凝土楼板构造
- 了解楼梯的基本组成，掌握钢筋混凝土楼梯的基本构造及细部构造
- 了解屋面的类型和基本组成，掌握屋面的排水方式和细部构造
- 了解门窗的作用、形式和构造要求
- 了解变形缝的作用和分类，掌握变形缝的设置原则
- 学会墙身构造设计、板的结构布置构造设计、楼梯的构造设计及平屋面构造设计

能力目标

- 能够进行墙身详图构造设计
- 能够进行板的结构布置构造设计
- 能够进行楼梯平剖构造设计
- 能够进行平屋面构造设计

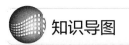 **知识导图**

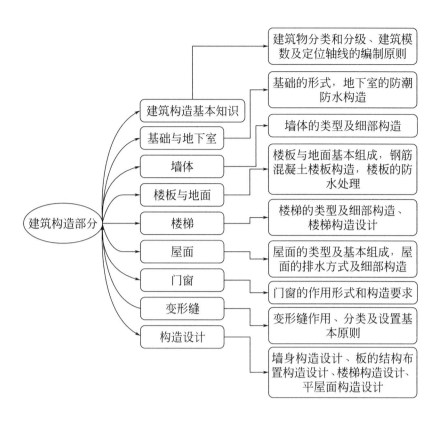

任务一　建筑构造基础知识

一、思考题

1. 什么是建筑物？什么是构筑物？二者之间有什么区别？

2. 民用建筑的基本组成有哪些？各组成部分的主要作用是什么？

3. 构成建筑的基本要素有哪些？

4. 影响建筑构造的基本因素有哪些？

5. 什么是居住建筑？什么是公共建筑？二者之间有何区别？

6. 根据《民用建筑设计通则》如何划分低层、多层、高层建筑？

7. 大量性建筑和大型性建筑有何不同？

8. 按照建筑物的使用年限不同，建筑物的耐久等级可以划分为几级？不同耐久等级的建筑物，其使用年限分别是多少？

9. 建筑物的燃烧性能和耐火极限的含义是什么？

10. 建筑物的耐火等级是由建筑物的什么确定的？建筑物的耐火等级一般可划分为几级？

11. 什么是建筑模数？基本模数是如何规定？

12. 扩大模数和分模数分别有哪些？

13. 标志尺寸、构造尺寸及实际尺寸的含义及三者之间的关系是什么？

14. 定位轴线编制的依据是什么？

二、技能训练

1. 描述你所在学校教学楼的基本构造组成。

2. 按照层数来分类，你所在的学校共有几种类型的建筑？分别是什么？

3. 根据构件的燃烧性能，你所在学校教室的门属于什么体（燃烧体、难燃烧体、非燃烧体）？

4. 补充完善并抄绘一层平面图，并给平面图注写完整的尺寸及轴线编号，如图 4-1 所示。

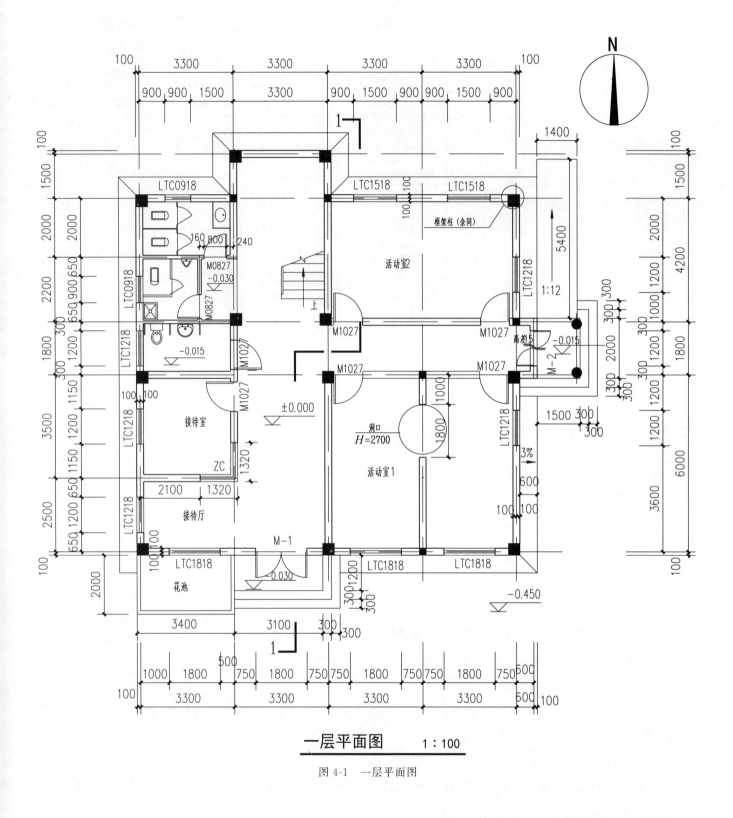

一层平面图　1:100

图 4-1　一层平面图

三、工程案例

江苏某 30 层住宅楼，建筑面积为 23200m²，建筑高度为 94.50m，建筑物的耐久等级为二级，设计使用年限为 50 年，该建筑物的耐火等级为一级，抗震设防烈度为 6 度，结构类型为钢筋混凝土剪力墙结构。该建筑物层高均为 3.1m，户型的开间尺寸有：2.1m、2.4m、2.7m、3.3m、3.6m、4.5m；进深尺寸有：1.8m、3.0m、3.9m、4.8m。

某社区 3 层综合体，建筑面积为 2700m²，建筑高度为 15.60m，建筑物的耐久等级为二级，设计使用年限为 50 年，建筑物的耐火等级为二级，抗震设防烈度为 6 度，结构类型为钢筋混凝土框架结构。该建筑物层高为：一层层高为 5.1m，二、三层层高均为 4.2m，平面柱网尺寸分别为 6.6m、7.2m、8.4m。

根据以上实例，试分析：

(1) 建筑物的耐久等级是如何确定的？建筑物的耐久等级与设计使用年限之间对应关系如何？

(2) 居住建筑与公共建筑在平面布置中，其平面尺寸有哪些区别？

(3) 说明不同建筑功能所对应的结构形式有什么不同，为什么？

(4) 某居室开间为 3.5m，进深为 4.2m，其尺寸是否符合建筑模数统一标准？为什么？

任务二　基础与地下室

一、思考题

1. 什么是基础？什么是地基？二者之间有什么关系？

2. 什么是人工地基、天然地基？

3. 人工地基加固的方法有哪些？

4. 按照材料和受力特点不同，基础可以分为哪几种类型？

5. 什么是无筋扩展基础？什么是扩展基础？

6. 什么是基础的埋置深度？影响基础埋置深度的因素有哪些？

7. 基础的设计要求有哪些？

8. 基础按照构造形式分为几种类型？各适用哪类建筑？

9. 按地下室底板的埋置深度不同，地下室可分为哪几种类型？

10. 地下室的基本组成部分有哪些？各组成部分的构造要求有哪些？

11. 地下室的楼梯在设计中必须满足哪些要求？

12. 当地下室的外窗低于室外地坪时，地下室应设什么？其构造要求如何？

13. 全地下室和半地下室的区别是什么？

14. 地下室防潮、防水的基本条件是什么？其构造做法如何？

15. 防空地下室一般最少设置几部楼梯？在构造处理上有何要求？

16. 地下室采光井的高度如何确定？

二、技能训练

1. 画出地下室防潮做法构造示意图。

2. 画出地下室防水做法构造示意图。

三、工程案例

1. 建筑工程设计中经常会遇到下列两种情况，请建议采用哪种基础形式并说明理由。

(1) 某工业园区建造一单层排架结构工业厂房，柱子采用预制钢筋混凝土柱，厂房纵向一端为 3 层现浇框架结构办公楼。建造场地有较厚黏土层，土质分布均匀且承载力较好。

(2) 市区某地建造一高层框架剪力墙结构写字楼，地质勘察报告表明地基土质不均匀且承载力较差。

2. 多层条式建筑纵向较长，房屋一端坐落在坚硬地基上，另一端地基土却较软弱，请思考该如何进行地基处理，并优先考虑选用何种基础。

任务三 墙体

一、思考题

1. 按照位置不同，墙体可以分为哪几种类型？
2. 按照受力方式不同，墙体可分为哪几种类型？
3. 按构造和施工方式不同，墙体的类型有哪些？
4. 墙体的设计要求有哪些？
5. 对于以墙体承重为主的结构，其主要承重方案有哪几种？
6. 通常采用哪些措施可以提高墙体的保温和隔热性能？
7. 如何对墙体进行有效的隔声？
8. 我国标准砖的规格大小是什么？
9. 常用砂浆有哪几种？各有哪些特性？
10. 什么是勒脚、散水、明沟？其构造要求分别是什么？
11. 什么是门窗过梁？常用的门窗过梁有哪几种？
12. 什么是圈梁？其作用有哪些？
13. 什么是构造柱？构造柱设置的主要目的是什么？
14. 散水的宽度和坡度一般为多少？其宽度是如何确定的？
15. 在构造上如何处理墙体内部产生冷凝水？
16. 墙身加固的措施有哪些？其构造要求分别是什么？
17. 什么是隔墙？其特点是什么？
18. 什么是幕墙？工程中常常采用的幕墙有哪些？
19. 墙体勒脚部位的水平防潮层的铺设位置如何确定？为什么？
20. 钢筋砖过梁的特点和构造要点是什么？

二、技能训练

1. 绘制一顺一丁式 240 砖墙的组砌方式。
2. 如图 4-2 所示砖墙的组砌方式，请判断分别采用什么样的方式。

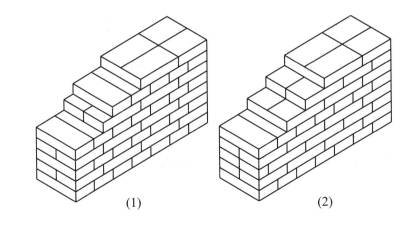 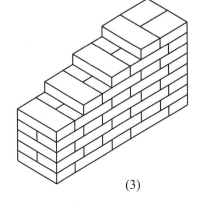

(1) (2) (3)

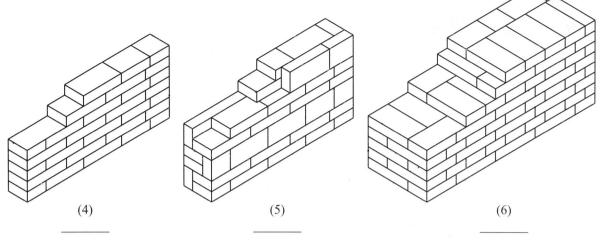

(4) (5) (6)

图 4-2 砖墙的组砌方式

3. 请补出图 4-3 墙身防潮层的位置。

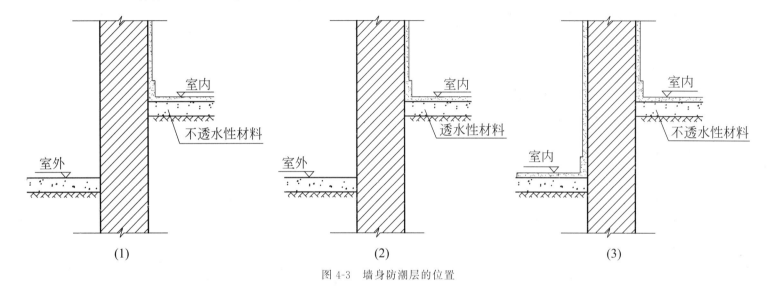

(1) (2) (3)

图 4-3 墙身防潮层的位置

4. 对图 4-4 混凝土散水进行正确的标注。

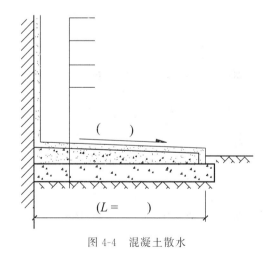

图 4-4 混凝土散水

5. 画出圈梁和附加圈梁的构造示意图。

三、工程案例

某教学综合楼，长度 49.9m，宽度 11.4m，4 层，平屋面，建筑总高度 18.0m，混合结构，纵墙承重。

该建筑于 2004 年建成并投入使用，2006 年发现墙体有开裂现象，墙体勒脚处裂缝严重，随时间推移，裂缝愈加严重，经鉴定为危房，要求加固改造。

试分析该工程裂缝产生的原因，如何对该建筑物进行加固处理？

任务四　楼板与地面

一、思考题

1. 楼板的基本组成有哪些?

2. 楼板的设计要求是什么?

3. 现浇式钢筋混凝土楼板根据受力和传力情况不同,可分为哪几种形式?

4. 梁板式楼板的受力具有哪些特点?

5. 预制装配式钢筋混凝土楼板有哪几种类型?其特点分别是什么?

6. 空心板在安装前,必须进行哪些处理?为什么?

7. 什么是地面?地面与楼板有何区别?

8. 地面的基本构造组成有哪些?其作用是什么?

9. 如何进行楼板的隔声处理?

10. 有水房间楼地面如何进行防水处理?

11. 阳台栏杆的作用和构造要求有哪些?

12. 什么是雨篷?雨篷的作用有哪些?

二、技能训练

1. 试绘出阳台内、外排水构造示意图。

2. 绘出梁板式雨篷构造做法示意图。

3. 绘出图4-5中1-1、2-2剖面图。

条件:某图书馆楼层梁、板、柱平面示意图如图4-5所示,假设建筑外墙为240mm,柱截面尺寸为500×

500(mm×mm),主梁的高度为600mm,次梁的高度为400mm,梁宽同墙厚,其余如图4-5所示。

要求:绘出1-1、2-2剖面图,图上重点表示:柱、梁、板之间的关系。

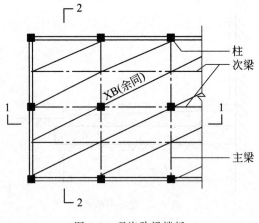

图4-5　现浇肋梁楼板

三、工程案例

某学校教师周转房工程,6层、层高2.9m,建筑总高度为19.5m,框架结构,楼板为100mm厚钢筋混凝土楼板。该工程于2007年建成并投入使用。住户入住后发现,教师周转房中绝大多数卫生间存在积水渗漏,严重影响了住户的生活质量。

试分析卫生间产生渗漏的原因是什么,如何进行有效的整改?

任务五　楼梯

一、思考题

1. 楼梯一般由哪几部分组成?各组成部分具有哪些作用?

2. 按照平面形式不同,楼梯有哪几种形式?

3. 梯段的踏步数量一般为多少?为什么?

4. 梯段的宽度如何确定?

5. 梯井的宽度一般为多少?当梯井的宽度超过多少时,应采取安全防护措施?

6. 计算楼梯踏步宽度和高度的经验公式是什么?

7. 什么是楼梯的净空高度?当首层平台下做出入口时,可采取哪些措施保证楼梯的净空高度?

8. 为保证楼梯的安全使用,应在楼梯临空的一侧设置什么?

9. 为保证行人上下楼梯时不滑倒,需要在踏步的表面采取什么措施?

10. 简述楼梯踏步防滑构造做法。

11. 坡道如何进行防滑处理?

12. 电梯的设计要求是什么?

13. 根据使用要求,七层及以上的住宅或住户入口层楼面距室外设计地面高度超过16m以上的住宅,需要设置什么?

14. 楼梯平面设计的基本步骤是什么?

二、技能训练

根据楼梯局部剖面图(图4-6)绘制楼梯一层和二层平面图。

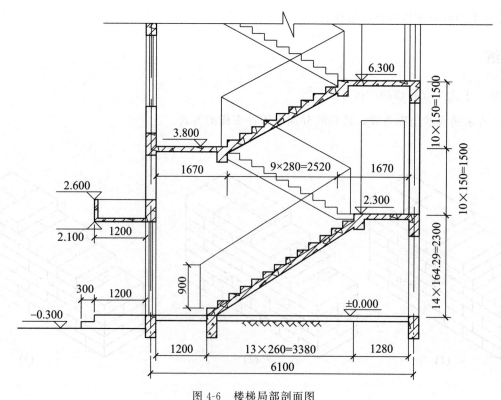

图4-6　楼梯局部剖面图

条件：某建筑楼梯，其外墙厚为 240mm，楼梯间开间为 2800mm，其余指标如图 4-6 所示。

要求：1. 根据楼梯剖面图绘制楼梯一层和二层平面图。

2. 所绘图形尺寸标注完整，符合建筑制图规范要求。

三、工程案例

楼梯是建筑的重要组成部分之一，楼梯的形式多种多样。楼梯形式不同，影响着建筑物的使用功能。

某学校宿舍楼采用剪刀式楼梯，教学楼采用平行双跑式楼梯，江苏某医院门诊大楼则采用合分式楼梯。

试分析上述建筑物为什么要选用这样的楼梯，观察你所在的学校不同的建筑采用何种形式的楼梯，为什么？

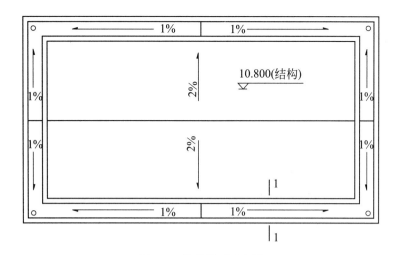

图 4-7　屋顶平面示意图

任务六　屋面

一、思考题

1. 常见屋顶坡度的表示方法有哪些？

2. 影响屋面排水坡度大小的因素有哪些？

3. 形成屋顶坡度的方法有哪些？

4. 什么是平屋顶？什么是坡屋顶？其适用性如何？

5. 平屋顶的排水方式有哪几种？

6. 什么是无组织排水？什么是有组织排水？其适用性如何？

7. 有组织排水有哪几种形式？其适用性如何？

8. 平屋面排水方式的选择，应遵循什么原则？

9. 什么是屋顶的排水组织设计？如何进行屋顶的排水组织设计？

10. 根据所采用的防水材料不同，平屋顶的防水方案可分为哪几种？

11. 什么是泛水？泛水在构造处理上应解决好哪些问题？

12. 如何进行屋面的防水排水处理？

13. 什么是卷材防水屋面？什么是刚性防水屋面？

14. 什么是正置式和倒置式保温屋面？其构造做法如何？

15. 如何进行屋面的保温与隔热处理？

16. 坡屋顶有哪些优点？一般情况下哪些建筑常常采用坡屋顶？

17. 坡屋顶的排水方式有哪几种？

18. 什么是种植屋面？什么是蓄水屋面？它们各自有哪些特点？

二、技能训练

1. 绘出卷材防水屋面泛水构造示意图。

2. 绘出正置式保温屋面构造做法示意图。

3. 绘出图 4-7 所示 1-1 断面图。

条件：如图 4-7 所示，女儿墙高度为 600mm，屋面为卷材保温防水屋面，其结构标高为 10.800m，屋面板为 120mm 厚钢筋混凝土板，若圈梁高为 500mm（屋面板和梁现浇在一起），女儿墙厚为 240mm，檐沟净宽 500mm，板厚 80mm。

要求：绘出 1-1 断面图，图中重点表示：泛水、檐沟、女儿墙压顶。

三、工程案例

屋面是建筑物最上部的承重和维护构件，它既承重，又抵御严寒酷暑。

万科某小区商业建筑采用平屋顶，排水采用女儿墙内檐沟内排水，屋面采用三道防水。浙江某高校为降低能耗，教学楼采用平屋顶种植屋面，排水采用内檐沟外排水，屋面防水等级为一级。江苏某区域拆迁房采用瓦屋面，四坡排水，坡度为 1:2.6，排水采用外檐沟外排水。

通过以上案例，回答下列问题：现实生活中常用的屋顶形式有哪些？屋顶的排水方式有哪些？如何进行屋面的保温与隔热？工程中采取哪些措施可以防止屋面发生积水渗漏现象？

任务七　门窗

一、思考题

1. 门与窗在建筑中的作用是什么？

2. 门和窗各有哪几种开启方式？它们的特点及使用范围有哪些？

3. 木门窗的安装方法有哪几种？

4. 按开启方式不同，门有哪些类型？其适用性如何？

5. 按使用从材料不同，窗有哪几种类型？

6. 安装木窗框的方法有哪些？各有什么特点？

7. 木门窗框与砖墙的连接方法有哪些？窗框与墙体之间的缝隙如何处理？

二、工程案例

某私营企业老板从房产开发商处购得会所建筑一个，该企业老板经过反复论证，决定将所购会所改为酒店使用，为突出酒店原汁原味古朴的经营特色，该企业老板将原有会所入口立面所有铝合金门窗改为木质门窗，并加门套和窗套。该企业老板认为所购会所属于私人购买产品，更改立面过程未征求任何相关部门意见，就私自进行了改造。

试分析：

1. 该建筑物在改造过程中可能会出现哪些问题？

2. 在更换门窗过程中，是否需要技术处理？为什么？

3. 门窗的高度如何确定？常见的门窗类型有哪些？

任务八 变形缝

一、思考题

1. 变形缝有哪几种形式？
2. 什么是伸缩缝？建筑物在什么情况下需要考虑设置伸缩缝？
3. 什么是沉降缝？沉降缝设置的基本原则有哪些？
4. 什么是抗震缝？抗震缝设置的基本原则有哪些？
5. 伸缩缝、沉降缝、抗震缝其适用性如何？
6. 什么情况下需要设抗震缝？抗震缝宽度确定的主要依据是什么？

二、工程案例

某小区 3 号住宅楼共 8 层，长度 100m，为防止建筑变形破坏，在中间单元处设变形缝。工程交付使用后，变形缝两侧的 8 楼住户在阴雨天发现室内墙体产生渗水现象。

试分析：

1. 墙体产生渗水的原因是什么？
2. 屋面变形缝构造处理的原则是什么？
3. 通过案例，试分析变形缝的作用和设置的基本原则。

任务九 构造设计

设计一 墙身构造设计

一、目的要求

通过本次设计，要求学生掌握屋顶檐口至室外地面墙身剖面构造，培养学生进一步绘制和识读施工图的能力，学会墙身构造设计。

二、设计条件

今有一两层建筑物，其局部剖切示意图如图 4-8 所示，层高 3.0m，外墙采用砖墙（墙厚由学生根据各地区的特点自定）；墙上开窗。该建筑物室内外地面高差为 450mm。室内地坪层构造层次分别为素土夯实、100mm 厚 3：7 灰土、80mm 厚 C10 素混凝土层、20mm 厚水泥砂浆面层；楼板采用 120mm 厚 C30 现浇式钢筋混凝土楼板（或钢筋混凝土预制板），板的类型由学生自定。

三、设计内容及要求

1. 要求沿外墙窗部位纵剖，直至基础以上，绘制墙身剖面详图（图 4-8）。重点绘制以下节点大样图（比例为 1：10）。

（1）楼板与砖块结合节点。
（2）窗过梁（窗套）。

（3）窗台（室内外）。
（4）勒脚及墙身防潮处理。
（5）散水（或明沟）及室外地坪。
（6）内外墙面装修（包括清水墙）。

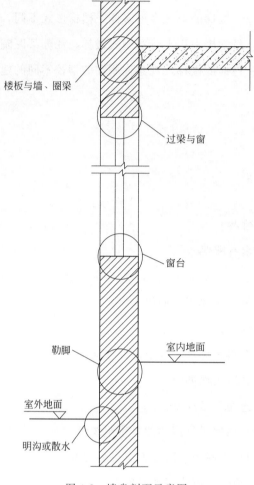

图 4-8 墙身剖面示意图

2. 用 A3 图纸完成墙身剖面详图。图中线条、材料等一律按建筑制图标准绘制。

四、说明

1. 如果图纸尺寸不够，可在节点与节点之间用折断线断开，亦可将 5 个节点分为两部分布图。
2. 绘制定位轴线及编号圆圈，详图编号及详图索引号，要求绘制墙身、勒脚、内外装饰厚度并给出材料的符号。
3. 绘制水平防潮层，应注明材料和做法，并注明防潮层的标高。
4. 绘制散水（或明沟）和室外地面（坪），用多层构造引出线注写其材料及做法，标注散水的宽度、坡度方向及坡度值；标注室外地面标高。注意标出散水与勒脚之间的构造处理。
5. 绘室内首层地面构造，用多层构造引出线注。绘踢脚板，标注室内地面标高。
6. 绘窗框轮廓线。细部可以不绘制。
7. 绘制窗过梁，注明尺寸和下皮标高。
8. 绘楼板、楼层地面、顶棚并用构造引出线标注楼面标高。
9. 标注细部具体尺寸及所用材料，要求字体工整，线条粗细分明，图中必须注明具体尺寸。
10. 窗及过梁参考尺寸如下。

（1）窗洞高：1200mm、1500mm、1800mm；窗洞宽：1200mm、1500mm、1800mm、2100mm。

（2）窗的材质（木窗、钢窗、铝合金窗、铝塑窗）自行确定。

（3）钢筋混凝土过梁截面尺寸见表 4-1。

表 4-1　钢筋混凝土过梁截面尺寸

截面形式	窗洞宽度	荷载/(kN/m)	b/mm	h/mm
	1200	100	240	180
	1500	0	180	120
		150	240	180
	1800	0	180	120
		150	240	180
	2100	0	180	120
		150	240	180
	1200	100	240	180
	1500	0	240	120
		150		180
	1800	0	240	120
		150		180
	2100	0	240	120
		150		180

设计二　板的结构布置构造设计

一、目的要求

通过本次设计，要求学生掌握板的结构布置的基本原则及布置方法，学会预应力空心板的搁置要求及板缝的调整，掌握局部剖视图的绘制，培养学生正确进行节点详图的设计及绘制。

二、设计条件

如图 4-9 所示。起居室、卧室布置 120mm 厚预应力圆孔板，规格有 YKB3351、YKB3371、YKB3651、YKB3671、YKB3951、YKB3971，共六种，厨房、卫生间采用 80mm 厚现浇钢筋混凝土板，楼梯间略。圈梁截面为 300mm×240mm，紧贴板底，外墙处作缺口圈梁，卫生间、厨房等楼板面标高均低于起居室等楼板面标高 40mm，阳台为挑梁式结构并设面梁，阳台板采用 100mm 厚现浇钢筋混凝土板。注：符号 YKB3351 代表预应力空心板的板长为 3300mm，板宽 510mm，余同。

三、设计内容及要求

根据给出条件要求，绘制单元式住宅结构布置图和局部剖视图详图（节点 1-9）。具体要求如下。

1. 布置预应力空心板时应尽量布满，避免出现三边支承，现浇板为双向板；

2. 结构布置图上绘出板的块数及铺板方向，并标明板的规格，看不见的墙线用虚线表示；

3. 局部剖视图应表示出构件的材料图例，必要时加文字说明；

4. 对较大板缝处理应绘出构造详图；

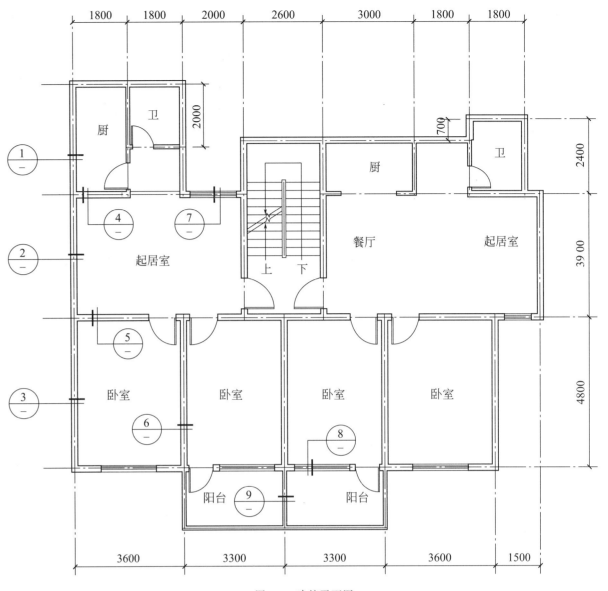

图 4-9　建筑平面图

5. 图中线条、材料符号、字体应按制图标准表示；

6. 结构布置图比例 1∶100，局部剖视图和板缝构造图比例为 1∶20～1∶25。

7. 用 A2 图纸完成。

四、说明

板布置时，缝差在 60mm 以内，调整板缝宽度；缝差在 60～120mm 时，建议沿墙边挑砖 60mm；缝差在 120～200mm 时，做局部现浇带；缝差超过 200mm 时，建议换板。

设计三　楼梯构造设计

一、目的要求

通过楼梯构造设计，要求学生了解楼梯构造设计的主要内容，掌握楼梯的设计方法和步骤，学会熟练查阅相关建筑规范、图集等建筑资料。熟悉相关建筑制图规范，掌握建筑细部构造节点详图。初步具备进行楼梯构造设计的能力。

二、设计条件

依据下列条件与要求，设计某住宅的现浇式钢筋混凝土平行双跑式楼梯。

某住宅楼为 5 层砖混结构，层高 2.9m，楼梯间平面尺寸根据所学内容自行进行设计（平面尺寸必须满足设计规范要求和建筑设计防火要求，楼梯间开间不小于 2.6m，建议取 2.6～3.0m），墙体厚度均为 240 砖墙，轴线居中，底层平台下设有出入口，室内外地面高差为 600mm。

三、设计内容及要求

用一张 A2 图纸完成以下内容。

1. 楼梯间首层、二层、标准层和顶层四个平面图，比例 1：50。

（1）绘出楼梯间墙、门窗、踏步、平台及栏杆扶手等。底层平面图还应绘出室外台阶或坡道、部分散水的投影等。

（2）标注两道尺寸线。

开间方向：

第一道：细部尺寸，包括梯段宽、梯井宽和墙内缘至轴线的尺寸。

第二道：轴线尺寸。

进深方向：

第一道：细部尺寸，包括梯段长度（能够反映出踏步的数量和宽度）、平台深度和墙内缘至轴线的尺寸。

第二道：轴线尺寸。

（3）内部应标注楼层和中间平台标高、室内外地面标高，标注楼梯上下行指示线，并注明该层楼梯的踏步数和踏步尺寸。

（4）写图名、比例，底层平面图还应标注剖切符号。

2. 楼梯间剖面图，比例 1：50。

（1）绘出梯段、平台、栏杆扶手、室内外地面、室外台阶或坡道、雨篷以及门窗、楼梯间墙等，剖切到的部分用材料图例表示。

（2）标注两道尺寸线。

水平方向：

第一道：细部尺寸，包括梯段长度（能够反映出踏步的数量和宽度）、平台宽度和墙内缘至轴线的尺寸。

第二道：轴线尺寸。

垂直方向：

第一道：各梯段的踏步级数及踏步高度。

第二道：层高尺寸。

（3）标注各楼层和中间平台标高、室内外地面标高、底层平台梁底标高、栏杆扶手高度等。注写图名和比例。

3. 楼梯构造节点详图（2～5 个），比例 1：10。

要求表示清楚各细部构造、标高有关尺寸和做法说明，注出详图索引符号。图面要求字迹工整、图样布置均匀，线型粗细及材料图例等内容符合施工图要求及建筑制图国家标准。

四、说明

1. 根据已知条件确定楼梯形式。

2. 结合楼梯的用途和性质，选择踏步的高度 h，根据经验公式 $2h+b=600～620$ 和建筑设计规范中楼梯的踏步尺寸，确定踏步的宽度 b。

---

3. 根据楼梯间的开间确定楼梯间梯段的宽度 B 和平台的最小深度 D。

4. 确定踏步数，进行楼梯净空高度的计算，使之符合净空高度的要求。

5. 根据踏步数计算最长梯段的水平投影长度。

6. 根据 1～5 计算数据，确定楼梯间的最小进深。

7. 最后绘制平面图和剖面图。

设计四　平屋顶构造设计

一、目的要求

通过平屋顶构造设计，要求学生掌握屋顶有组织排水的设计方法，掌握屋面防水的构造要求和屋面保温、隔热构造做法以及屋顶构造节点详图设计，对屋顶设计施工图的性质和内容有较完整的了解。

二、设计条件

1. 某中学教学楼平面和剖面草图如图 4-10 所示。该教学楼为 3 层，教学区层高为 3.9m，办公区层高为 3.6m，教学区与办公区的交界处做错层，设台阶处理。

2. 结构类型：砖混结构。

3. 屋顶类型：平屋面（楼板为现浇式钢筋混凝土楼板）。

4. 屋面排水方式：有组织排水，檐口形式及排水方式学生自定（建议作女儿墙外檐沟外排水或女儿墙内檐沟外排水处理，上人屋面女儿墙的高度取 1500mm，不上人屋面女儿墙的高度取 600mm）。

5. 屋面为上人屋面或非上人屋面由学生自定，无特别的使用要求，防水层采用卷材防水，屋顶有保温和隔热要求，根据当地的特点自定。假设屋面防水等级为一级。

三、设计内容及要求

用 A2 图纸绘制该中学教学楼屋顶平面图（上人屋面或非上人屋面由学生自定）和屋顶节点详图。

1. 屋顶平面图，比例 1：100。

（1）进行屋面环境布置，表示出女儿墙墙线、凸出屋面楼梯间、屋面上人孔等突出屋面部分。

（2）设计屋面排水系统（各坡面交线、檐沟、雨水口等）。

（3）进行正确的尺寸标注：总尺寸、轴线编号、轴线间尺寸、细部尺寸（女儿墙厚度、檐沟定位、屋面上人孔位置及大小、雨水口间距及大小、屋面结构标高、屋面排水坡度）等。

（4）标注详图索引符号并对其进行编号。

（5）注写图名、比例等。

2. 屋顶节点详图（不少于 3 个），比例 1：10 或 1：20。

备注：屋面泛水构造必须绘制。

四、说明

1. 结合中学教学楼的基本特点和使用要求，对屋面进行环境布置，可以考虑一定范围的种植或蓄水屋面，以及供师生员工休憩的活动场所。

2. 根据屋面的汇水面积、落水管之间的间距和建筑物屋面的宽度等确定屋面的排水方式，划分排水分区，确定落水管的位置和数量。

3. 根据防水等级并结合屋面环境布置的具体情况，确定屋面防水设计方案。

4. 根据屋面防水设计方案进行屋面节点详图设计。

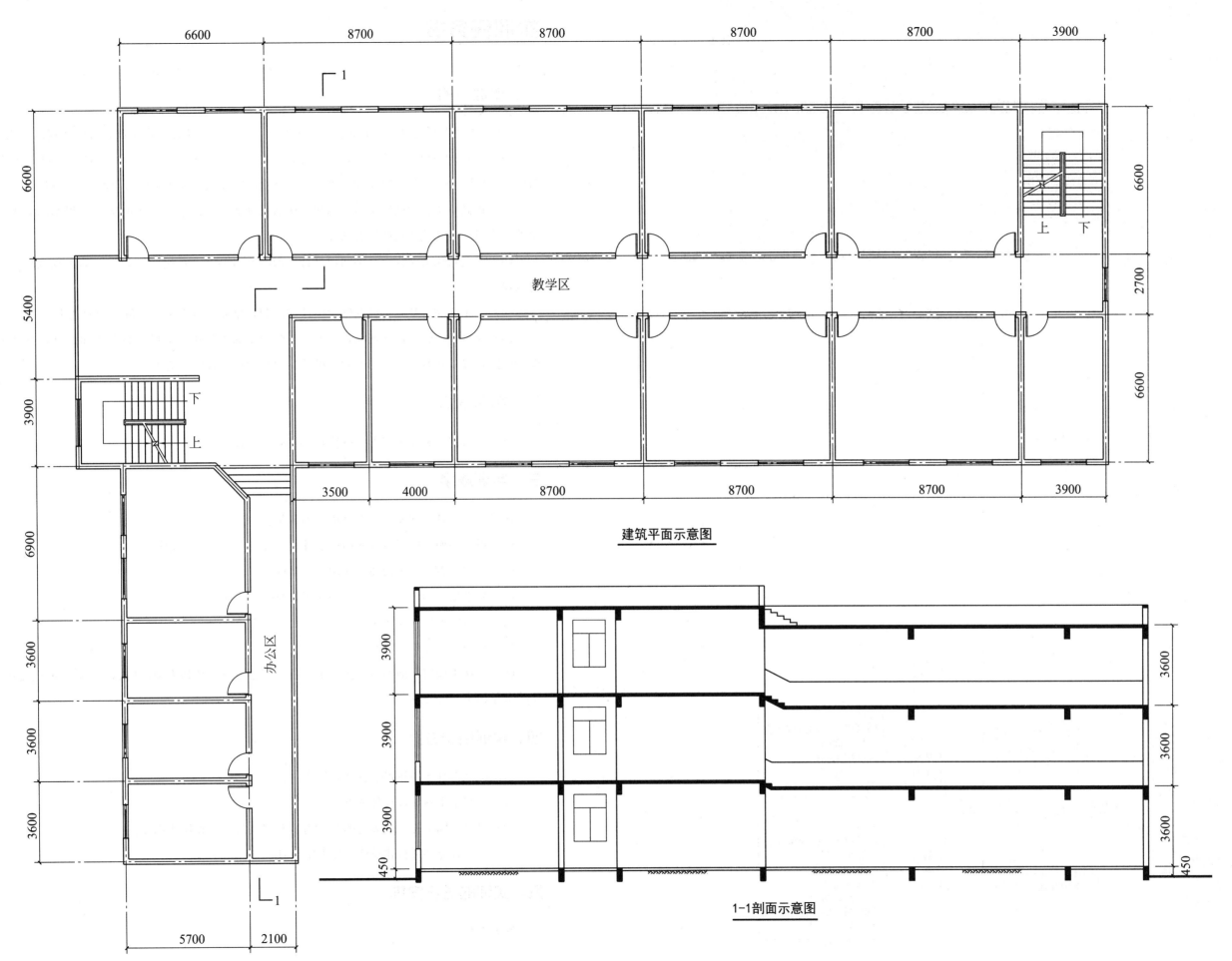

6600 8700 8700 8700 8700 3900

6600

5400

3900

教学区

建筑平面示意图

3500 4000 8700 8700 8700 3900

6600

2700

6600

6900

办公区

3600

3600

3600

5700 2100

1

3900

3900

3900

450

3600

3600

3600

450

1-1剖面示意图

图 4-10 建筑平面、剖面草图

项目五
综合设计训练

 学习目标

知识目标

- 掌握建筑平面图表达的基本内容及正确的尺寸标注
- 掌握建筑立面图表达的基本内容及正确的尺寸标注
- 掌握建筑剖面图表达的基本内容及正确的尺寸标注
- 掌握楼梯平剖设计原理及构造设计

能力目标

- 能够进行建筑平面图的设计
- 能够进行建筑立面图的设计
- 能够进行平屋面构造设计

 知识导图

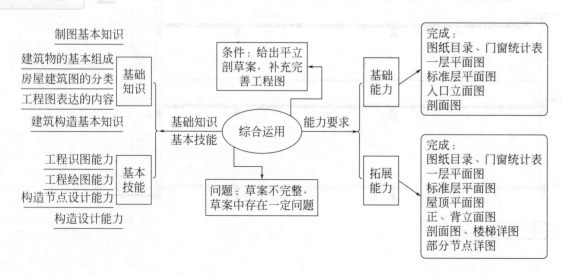

实训任务书

一、实训目的

"建筑构造"是建筑类专业必修的专业核心课程，通过课程综合实训，可以实现以下几点。

（1）将理论知识与实践技能相互结合，提高学生工程实际能力，为后续课程"建筑计量与计价""施工组织与管理""建筑CAD""建筑监理""毕业综合设计"等职业技能课程的学习奠定基础。

（2）提高学生正确的绘图能力和建筑构造设计能力，使学生尽快地融入工程实际之中。增强学生对所学知识的综合贯通和建筑图纸的综合认知。

（3）对建筑构造课程的有关知识进行全面的复习和综合运用，培养学生的工程意识，贯彻、执行国家标准的意识。

（4）能正确完善补充工程图纸的设计和绘制，培养学生思考、分析、沟通能力。

（5）通过本次综合设计训练，要求学生学会正确绘制建筑工程图的方法和原理，学会工程图的设计原理和设计思路，以及建筑节点详图的构造设计，提高学生工程实践能力。

二、实训方式

设计＋绘制（补充、完善及改错），见图5-1～图5-3。

三、实训成果

通过综合设计实训要求学生完成下列成果。

（1）设计说明、图纸目录和门窗统计表（用一张2♯图纸完成）。

（2）一层（首层）平面图（比例1∶100）。

（3）标准层平面图（二～三层平面图）（比例1∶100）。

（4）入口立面图（比例1∶100）。

（5）剖面图（比例1∶100）。

（6）楼梯平面图、剖面图（比例1∶50）。注：以1♯楼梯为例，用A2图纸完成该楼梯的平面图和剖面图，并附带楼梯尺寸计算书。

四、实训组织方案

本次综合设计实训按以下方案组织实施。

（1）组织学生熟悉设计任务书。

（2）讲解不同工程图纸表达的基本内容及有效的文字和尺寸标注。

（3）完善补充并进行建筑施工图方案设计。

五、实训的进度安排

见表5-1。

表 5-1　实训安排表

序号	任务	内容安排	时间	地点	备注
1	任务一	设计说明、图纸目录及门窗统计表	4 学时	待定	A2 图纸
2	任务二	首层平面图表达的内容及节点索引	5 学时	待定	A2 图纸
3	任务三	标准层平面图表达的内容及节点索引	5 学时	待定	A2 图纸
4	任务四	对照平面图设计建筑入口立面图、外立面装修做法	5 学时	待定	A2 图纸
5	任务五	建筑剖面图的设计	5 学时	待定	A2 图纸
6	任务六	1♯楼梯平面图、剖面图	6 学时	待定	A2 图纸
合计			30 学时		

六、设计深度

1. 各平面图中要绘出定位轴线（通过计算确定 2♯楼梯间进深方向定位轴线的位置），标注出建筑平面图外围完整的三道尺寸及平面内部构造尺寸线。

（1）建筑平面外围三道尺寸线。

第一道：外围门窗的位置及大小等细部尺寸。

第二道：开间、进深或轴线尺寸。

第三道：建筑的总长度及总宽度。

（2）建筑平面内部构造的定形与定位尺寸。

2. 建筑的标高（此处标高均采用相对标高）。

（1）本设计规定首层室内地面标高为±0.000。

（2）标注出首层地面及其他各层楼面的建筑标高（屋顶平面图，则应标注出屋面的结构标高）。

（3）首层平面图应标注出室外设计地面标高。

3. 首层平面图中应根据设计要求绘制出散水、台阶、指北针、剖切符号等。

4. 二层平面图中应绘出入口上部的雨篷，雨篷形式及大小自定（符合规范要求），三层及以上不再绘制雨篷。

5. 立面图。

（1）立面图按轴线编号定名，要求绘制出两端的轴线符号。

（2）立面图应绘制出地坪线、建筑的外形轮廓线以及各部分配件的形状及相互关系（如檐口、门窗洞口及门窗的外形、花格、阳台、雨篷、花台、雨水管、壁柱、勒脚、台阶、踏步等）。

（3）立面图的尺寸标注及标高。

立面图的左右外围三道尺寸线具体如下。

第一道：外围门窗在高度方向的定形和定位尺寸，以及外墙在高度方向的细部构造变化等细部尺寸。

第二道：建筑的层高、室内外高差、屋面檐口及女儿墙高度。

第三道：各层标高。

立面图的内部尺寸线：包括立面图在高度方向的内部构造的定形与定位尺寸、各部分的标高（如门窗、雨篷、窗台、阳台等）。

（4）立面图中应标注外墙面所采用的装修材料。

6. 剖面图。

（1）根据建筑首层平面图上的剖切符号确定剖切位置，应注意其剖切后的投影方向，不要将方向弄反。剖切高度应从室外地面至屋顶。

（2）标注内容同立面图。

7. 设计说明、图纸目录和门窗统计表绘制在一张图中。

8. 绘图要求。

（1）图纸：采用 A2 幅面图纸，2H 铅笔打底稿，2B 铅笔加深和加粗。

（2）图线：线宽组采用 $b=1.0$mm；粗线为 1.0mm，中线为 0.5mm，细线为 0.25mm，地坪线为 1.4mm。

（3）字体：汉字采用长仿宋字，数字和字母采用直体；各图图名为 7 号字，比例数字为 5 号字，其余汉字为 5 号字；尺寸数字为 3.5 号字；标题栏中图名为 7 号字，其余汉字为 5 号字；当汉字与数字一起书写时，数字应比汉字小一号。

（4）比例：见实训成果要求。

（5）正确使用工具和仪器，注意图线交接处的正确画法；布图合理，作图准确，图线分明，字体工整，整洁美观。

七、实训设计要求

根据课程的特点，实训内容的学习以教师引导分析为辅，学生补充完善绘制设计为主，课程教学活动应根据课程的教学特点组织安排，辅导学生进行简单施工图的补充完善和设计。

（1）认真研究本课程实践性较强的特点，在实训过程中，注意培养学生的自学能力和严谨细致的工作作风。

（2）实践训练是实践性较强的学习过程，在实践训练过程中要求学生借助所学建筑构造知识和使用教材互相补充，强化学生对建筑构造及识图知识的学习和理解。

（3）实践训练中应该注重学生的制图、识图训练，适时做好面授辅导，巩固所学理论知识，并注重与工程实践相结合，培养学生的空间思维能力和工程实践能力。

（4）本综合实训设计训练的重点是工程图纸的补充和完善，以及建筑节点的构造设计和楼梯平剖设计，在本次集中实训期间，要求学生完成任务书所要求的图纸数量。

（5）本课程是一门实践性较强的课程，学生必须完成任务书所规定的实习任务。

八、考核方法与成绩评定

学生通过辅导或自学完成规定的实训任务，本课程进行独立考核。

根据作品完成的质量及创新性，对学生实训成果进行评定，评定为百分制成绩或等级（优、良、中、及格、不及格，共五级），评分等级及标准见表 5-2。

表 5-2　评分等级及标准

评分等级	评分标准	评分等级	评分标准
90 分以上·优	• 完全达到课程设计分量及内容正确 • 图纸设计正确无误，图面清洁、有条理 • 图面各类标注完整、准确 • 课程设计期间按要求出勤	60～70 分，及格	• 基本达到课程设计分量及内容正确 • 图纸设计正确，图面较清洁 • 图面各类标注较完整 • 课程设计期间有迟到、早退现象
80～90 分·良	• 达到课程设计分量及内容正确 • 图纸设计正确无误，图面清洁、有条理 • 图面各类标注完整、准确 • 课程设计期间按要求出勤	60 分以下，不及格	• 未达到课程设计分量及内容正确 • 图纸设计不正确，错误较多 • 图面各类标注不完整 • 课程设计期间旷课达到 1/3 以上
70～80 分·中	• 基本达到课程设计分量及内容正确 • 图纸设计正确，图面较清洁、有条理 • 图面各类标注较完整、准确 • 课程设计期间基本按要求出勤		

附：建筑平面、立面、剖面方案示意草图（图 5-1～图 5-3）。

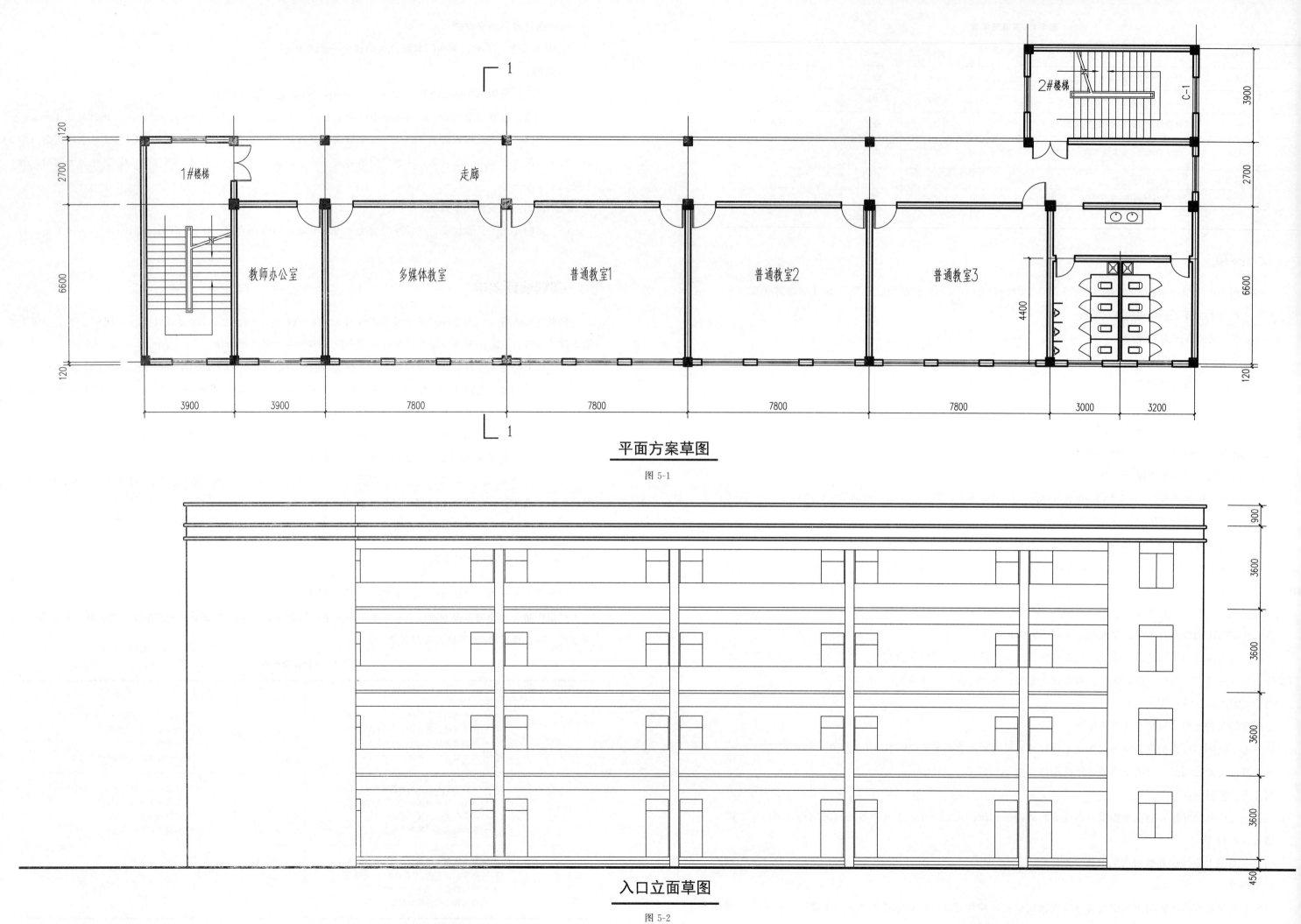

平面方案草图

图 5-1

入口立面草图

图 5-2

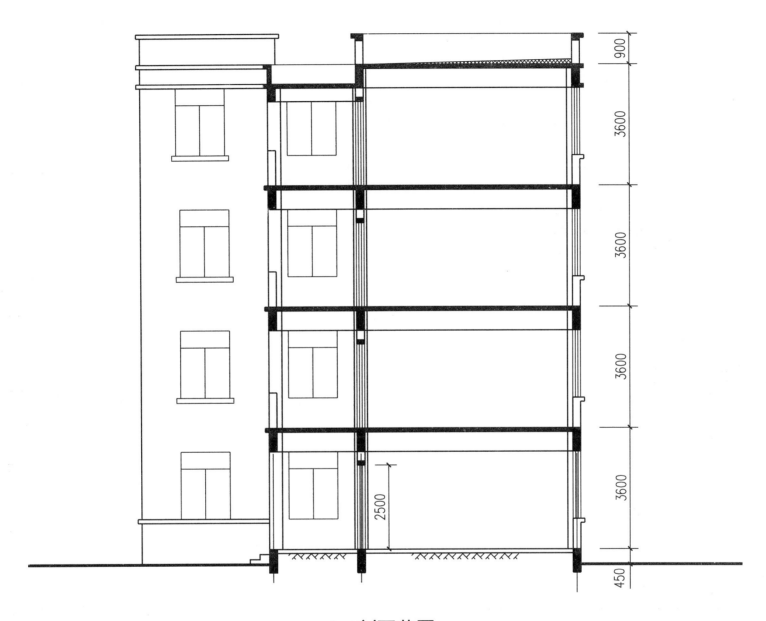

900

3600

3600

3600

2500

3600

450

1-1剖面草图

图 5-3

附录

附表 1　常用建筑材料图例

序号	名称	图例	备注
01	自然土壤		包括各种自然土壤
02	夯实土壤	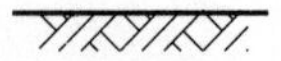	
03	砂、灰土	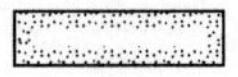	靠近轮廓线会比较密
04	砂砾石、碎砖三合土	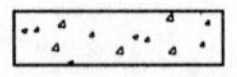	
05	毛石		
06	普通砖	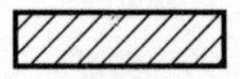	包括实心砖、多孔砖、砌块等砌体。断面较窄不易绘出图例线时,可涂红
07	空心砖	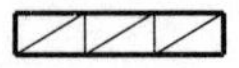	指非承重砖砌体
08	饰面砖	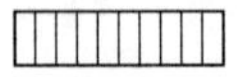	包括铺地砖、马赛克、陶瓷锦砖、人造大理石
09	混凝土	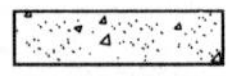	1. 本图例指能承重的混凝土及钢筋混凝土 2. 包括各种强度等级、骨料、添加剂的混凝土 3. 在剖面图上画出钢筋时,不画图例线 4. 断面图形小,不易画出图例线时,可涂黑
10	钢筋混凝土		
11	多孔材料	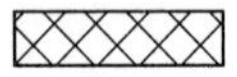	包括水泥珍珠岩、沥青珍珠岩、泡沫混凝土、非承重加气混凝土、软水、蛭石制品等
12	纤维材料		包括矿棉、岩棉、玻璃棉、麻丝、木丝板、纤维板等
13	木材	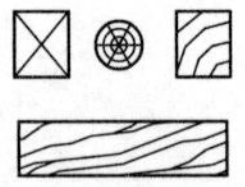	1. 上图为横断面,上左图为垫木、木砖或木龙骨 2. 下图为纵断面

附表 2　构造及配件图例

序号	名称	图例	备注
01	墙体	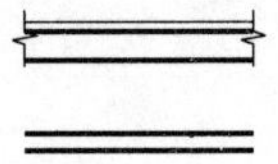	1. 上图为外墙,下图为内墙 2. 外墙细线表示有保温层或有幕墙 3. 应加注文字或涂色或图案填充表示各种材料的墙体 4. 在各层平面图中防火墙宜着重以特殊图案填充表示
02	隔断		1. 加注文字或涂色或图案填充表示各种材料的轻质隔断 2. 适用于到顶与不到顶隔断
03	玻璃幕墙		幕墙龙骨是否表示由项目设计决定
04	栏杆		

序号	名称	图例	备注
05	楼梯	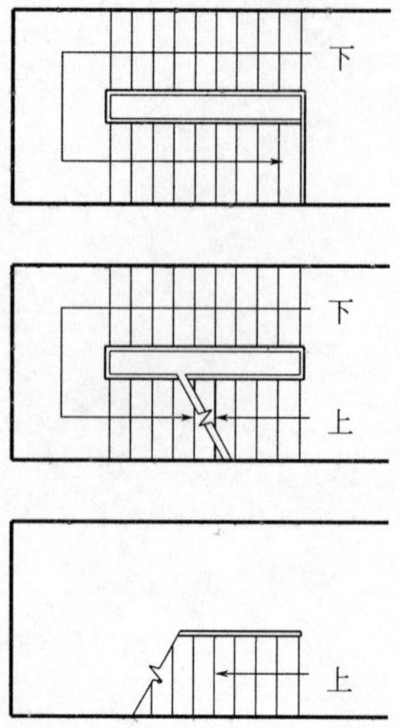	1. 上图为顶层楼梯平面,中图为中间层楼梯平面,下图为底层楼梯平面 2. 需设置靠墙扶手或中间扶手时,应在图中表示
06	坡道	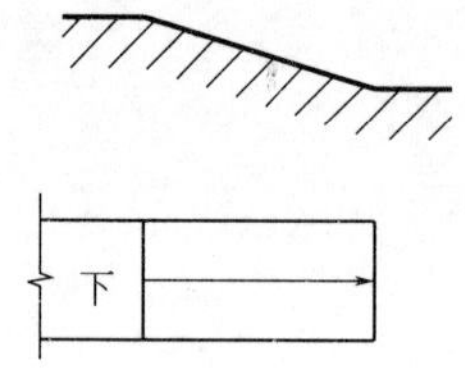	长坡道
		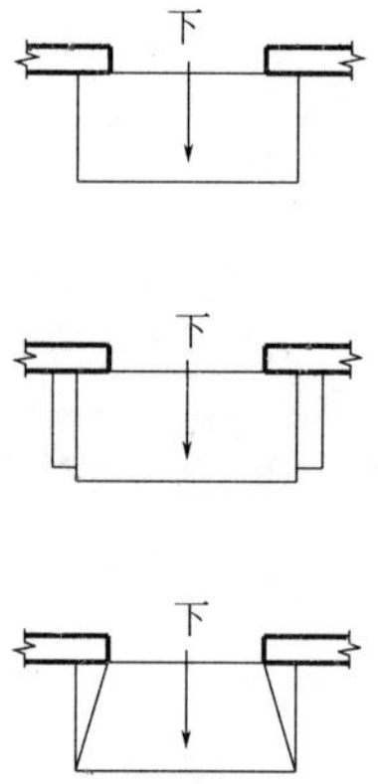	上图为两侧垂直的门口坡道,中图为有挡墙的门口坡道,下图为两侧找坡的门口坡道
07	台阶	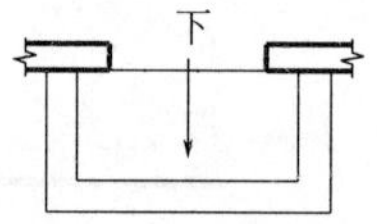	
08	平面高差	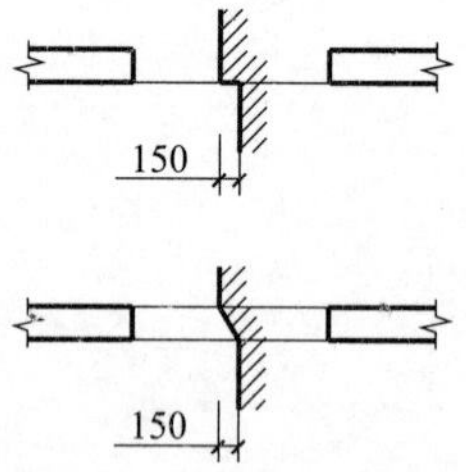	用于高差小的地面或楼面交接处,并应与门的开启方向协调
09	检查口		左图为可见检查口,右图为不可见检查口
10	孔洞		阴影部分亦可填充灰度或涂色代替
11	坑槽		

序号	名称	图例	备注
12	墙预留洞、槽	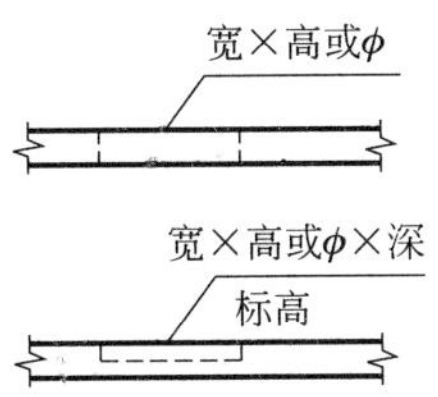 宽×高或φ 宽×高或φ×深 标高	1. 上图为预留洞,下图为预留槽 2. 平面以洞(槽)中心定位 3. 标高以洞(槽)底或中心定位 4. 宜以涂色区别墙体和预留洞(槽)
13	地沟	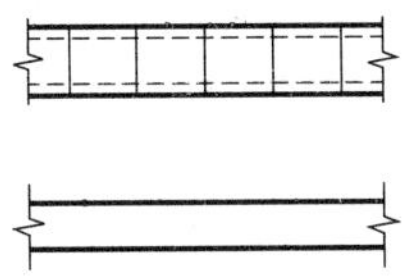	上图为活动盖板地沟,下图为无盖板明沟
14	烟道	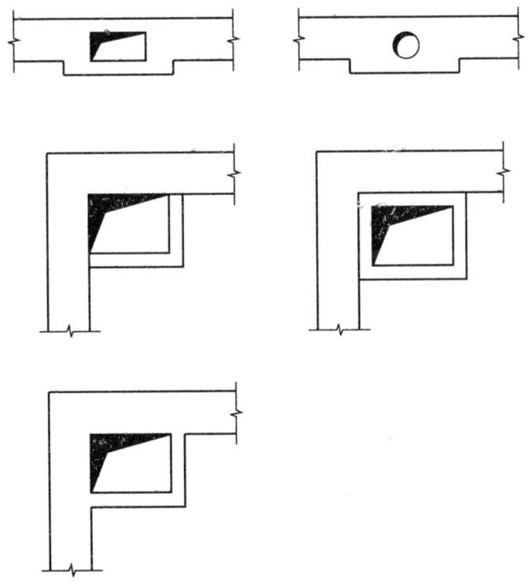	1. 阴影部分亦可涂色代替 2. 烟道、风道与墙体为相同材料,其相接处墙身线应连通 3. 烟道、风道根据需要增加不同材料的内衬
15	风道	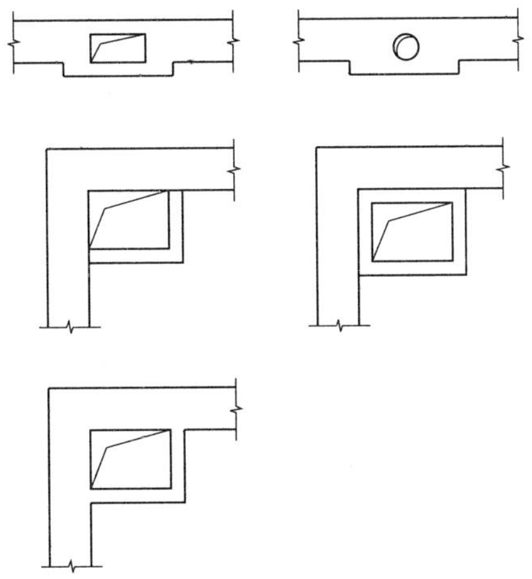	
16	墙和窗	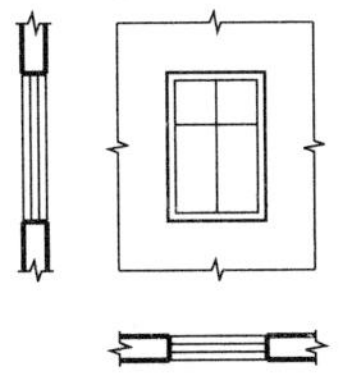	
17	空门洞	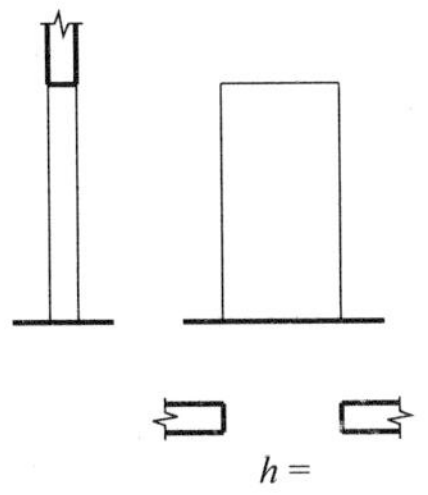 h =	h 为门洞高度

序号	名称	图例	备注
18	单扇平开或单向弹簧门	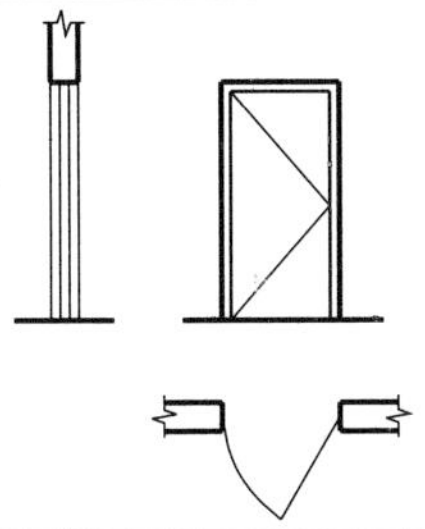	1. 门的名称代号用 M 表示 2. 平面图中,下为外,上为内;门开启线为 90°、60°或 45° 3. 立面图中,开启线实线为外开,虚线为内开。开启线交角的一侧为安装合页一侧。开启线在建筑立面图中可不表示,在立面大样图中可根据需要绘出 4. 剖面图中,左为外,右为内 5. 附加纱窗应以文字说明,在平、立、剖面图中均不表示 6. 立面形式应按实际情况绘制
19	双面开启双扇门(包括双面平开或双面弹簧)	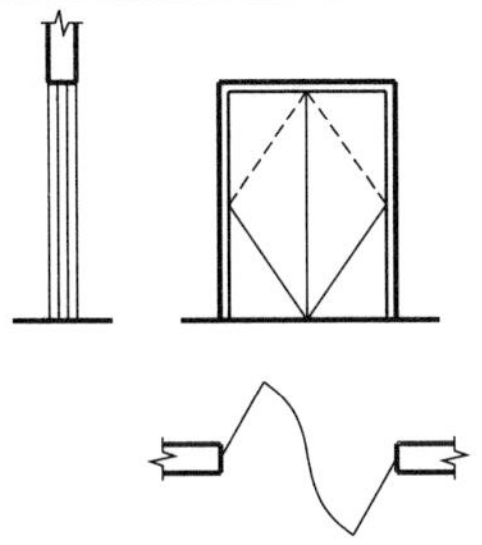	
20	双层双扇平开门	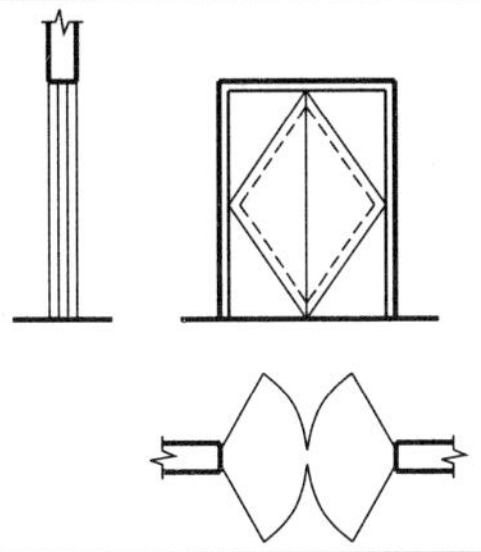	
21	折叠门	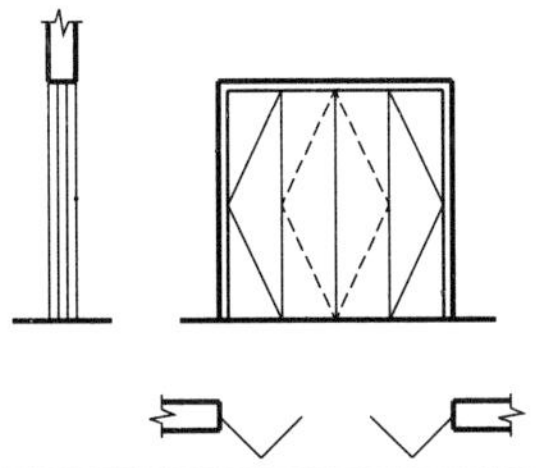	
22	墙洞外单扇推拉门	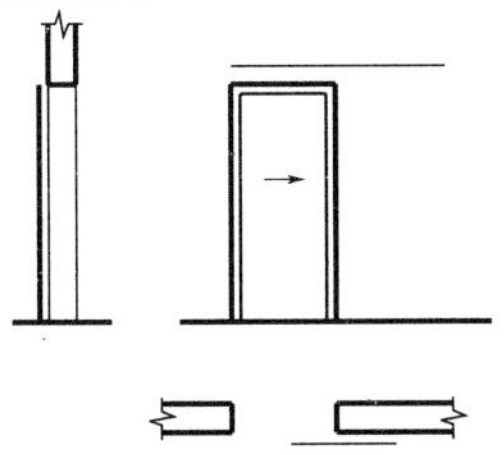	1. 门的名称代号用 M 表示 2. 平面图中,下为外,上为内 3. 剖面图中,左为外,右为内 4. 立面形式应按实际情况绘制
23	墙洞外双扇推拉门	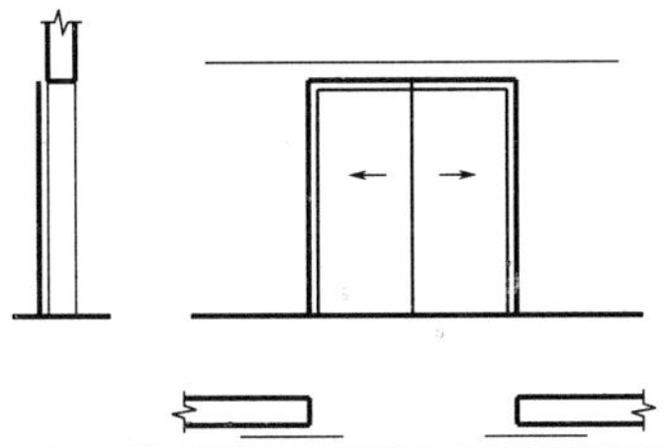	
24	卷帘门	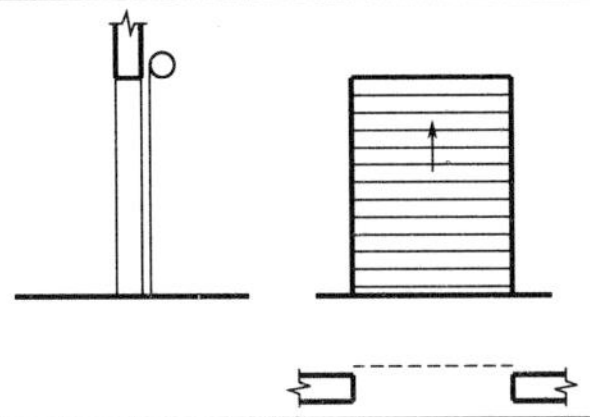	
25	旋转门	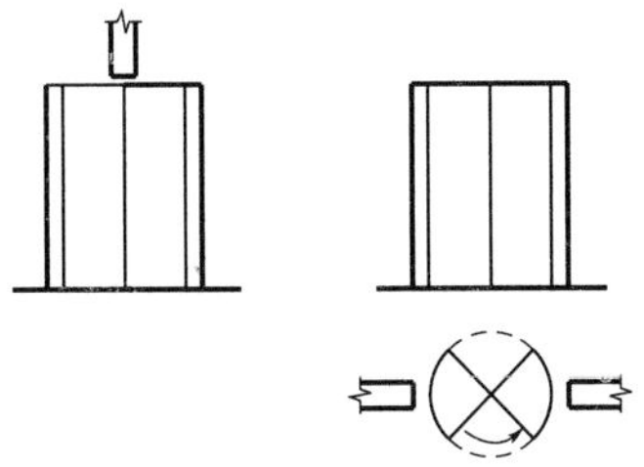	

序号	名称	图例	备注
26	固定窗	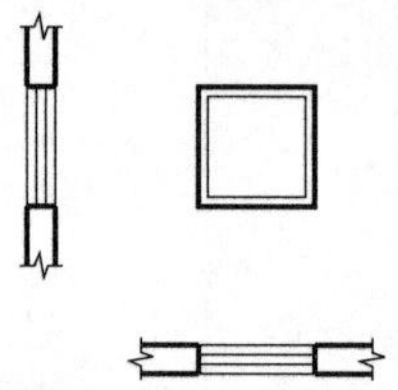	
27	上悬窗	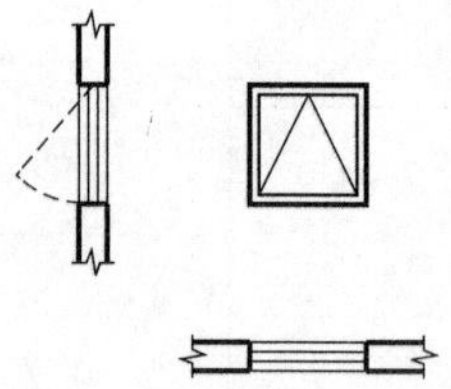	
28	中悬窗	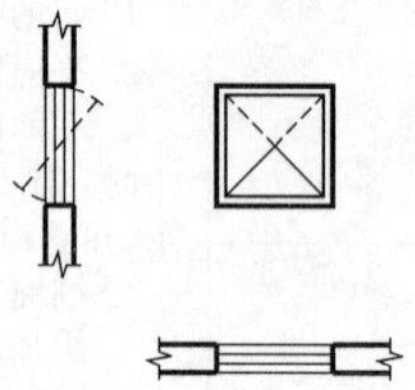	1. 窗的名称代号用 C 表示 2. 平面图中，下为外，上为内 3. 立面图中，开启线实线为外开，虚线为内开。开启线交角的一侧为安装合页一侧。开启线在建筑立面图中可不表示，在门窗立面大样图中需要绘出 4. 剖面图中，左为外，右为内，虚线仅表示开启方向，项目设计不表示 5. 附加纱窗应以文字说明，在平、立、剖面图中均不表示 6. 立面形式应按实际情况绘制
29	下悬窗	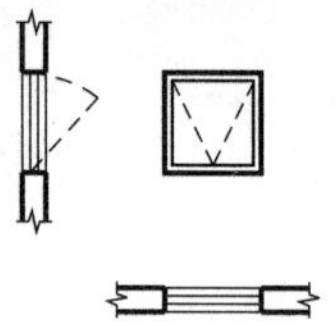	
30	立转窗	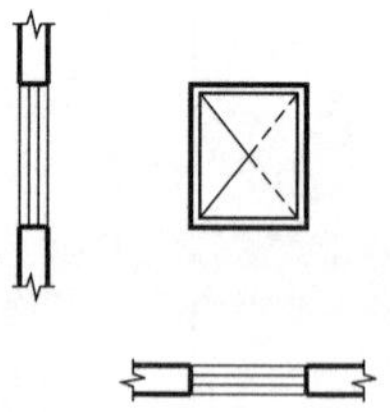	
31	单层外开平开窗	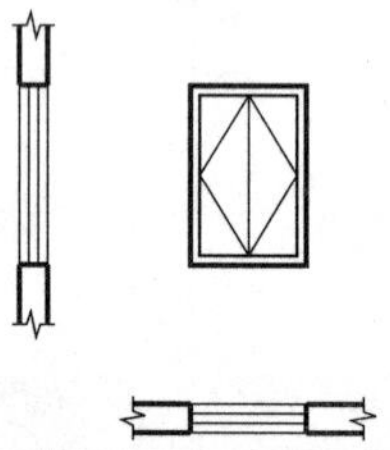	
32	单层内开平开窗	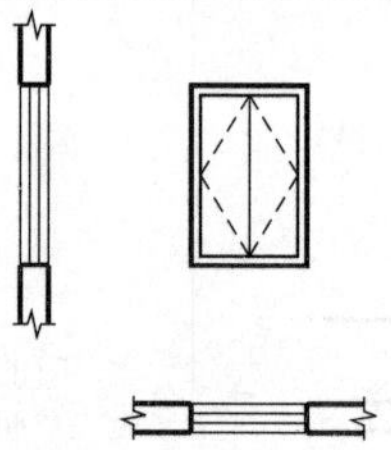	
33	双层内外开平开窗	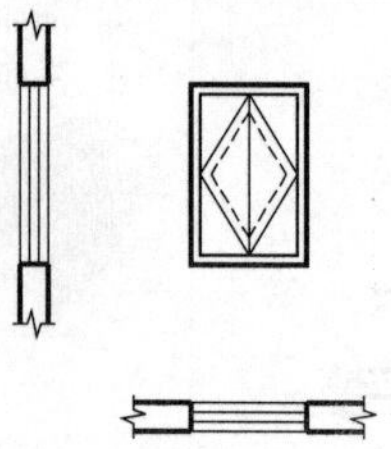	1. 窗的名称代号用 C 表示 2. 立面形式应按实际情况绘制
34	单层推拉窗	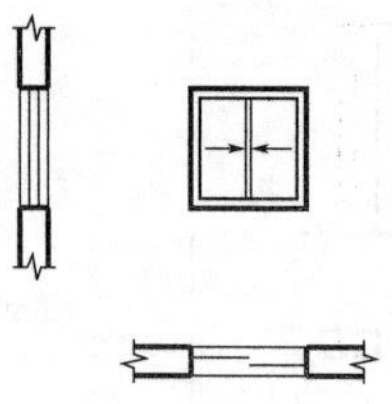	

序号	名称	图例	备注
35	高窗	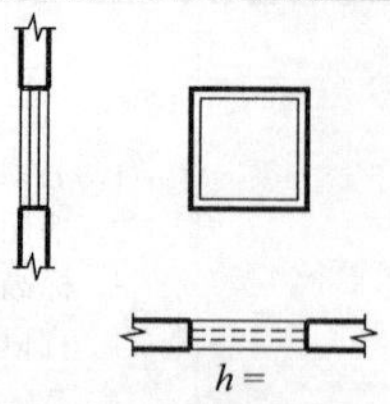	1. 窗的名称代号用 C 表示 2. h 表示高窗底距本层地面标高 3. 高窗开启方式参考其他窗型

结构构件的名称应用代号表示，构件的代号通常选用结构构件汉语拼音的首字母表示，常用的构件代号见附表3。

附表3 常用构件代号

序号	名称	代号	序号	名称	代号	序号	名称	代号
01	板	B	19	圈梁	QL	37	承台	CT
02	屋面板	WB	20	过梁	GL	38	设备基础	SJ
03	空心板	KB	21	连系梁	LL	39	桩	ZH
04	槽形板	CB	22	基础梁	JL	40	挡土墙	DQ
05	折板	ZB	23	楼梯梁	TL	41	地沟	DG
06	密肋板	MB	24	框架梁	KL	42	柱间支撑	ZC
07	楼梯板	TB	25	框支梁	KZL	43	垂直支撑	CC
08	盖板或沟盖板	GB	26	屋面框架梁	WKL	44	水平支撑	SC
09	挡雨板或檐口板	YB	27	檩条	LT	45	梯	T
10	吊车安全走道板	DB	28	屋架	WJ	46	雨篷	YP
11	墙板	QB	29	托架	TJ	47	阳台	YT
12	天沟板	TGB	30	天窗架	CJ	48	梁垫	LD
13	梁	L	31	框架	KJ	49	预埋件	M—
14	屋面梁	WL	32	刚架	GJ	50	天窗端壁	TD
15	吊车梁	DL	33	支架	ZJ	51	钢筋网	W
16	单轨道吊车梁	DDL	34	柱	Z	52	钢筋骨架	G
17	轨道连接	DGL	35	框架柱	KZ	53	基础	J
18	车挡	CD	36	构造柱	GZ	54	暗柱	AZ

注：1. 预制钢筋混凝土构件、现浇钢筋混凝土构件、钢构件和木构件，一般可直接采用本表中的构件代号。在绘图中，当需要区别上述构件的材料种类时，可在构件代号前加注材料代号，并在图纸上加以说明。
2. 预应力钢筋混凝土构件的代号，应在构件代号前加注："Y-"，如 Y-DL 表示预应力钢筋混凝土吊车梁。

普通钢筋的一般表示方法应符合附表4的规定。

附表4 普通钢筋

序号	名称	图例	说明
01	钢筋横断面	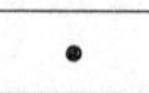	—
02	无弯钩的钢筋端部		下图表示长、短钢筋投影重叠时，短钢筋的端部用45°斜划线表示
03	带半圆形弯钩的钢筋端部		
04	带直钩的钢筋端部		
05	带丝扣的钢筋端部		
06	无弯钩的钢筋搭接		
07	带半圆弯钩的钢筋搭接		
08	带直钩的钢筋搭接		
09	花篮螺丝钢筋接头		
10	机械连接的钢筋接头		用文字说明机械连接的方式（如冷挤压或直螺纹等）

参 考 文 献

[1] 吴学清. 建筑识图与构造. 第 2 版. 北京：化学工业出版社，2015.

[2] 王旭东，范桂芳. 建筑构造. 哈尔滨：哈尔滨工业大学出版社，2014.

[3] 熊森. 建筑识图与构造. 长春：吉林大学出版社，2016.

[4] 刘小聪. 建筑构造与识图实训. 北京：机械工业出版社，2015.

[5] GB 50352—2005 民用建筑设计通则.

[6] GB 50016—2014 建筑设计防火规范.

[7] GB 50011—2010 建筑抗震设计规范(2016 版).

[8] GB 50010—2010 混凝土结构设计规范(2015 版).

[9] 中国建筑标准设计研究院. 国家建筑标准设计图集(J11-1)：常用建筑构造(一)(2012 年合订本). 北京：中国计划出版社，2012.